KB244233

# Cupcake Days

# Cupcake Days
## 컵케이크 데이즈

이 샘
컵케이크
레시피 북

북하우스엔

컵케이크가 뭐예요? 그거 해서 장사가 되겠어요?

4년 전 컵케이크 가게를 열기로 결심하고 시장에 가서 재료에 대해 문의할 때마다 여지없이 되돌아오던 질문입니다. 당시 제과 재료시장에서 구할 수 있는 컵케이크 틀이라고는 머핀용으로 나온 딱 한 종류뿐이었고, 주름 컵도 5.5센티미터나 되는 아주 큰 사이즈였습니다. 컵케이크 박스 제작업체에서도 매우 비협조적이었고요. 한 번만 주문하고 말 거라고 생각했는지 상담도 대충대충 하는 느낌이었어요. 그렇게 맨땅에 헤딩하는 기분으로 컵케이크 가게를 준비했고, 2008년 5월 모두의 우려 속에서 이샘 컵케이크(당시의 이름은 Life is just a cup of cake)가 문을 열었습니다.

그로부터 어느새 4년의 시간이 흘렀습니다. 그리고 이샘 컵케이크는 주변의 우려와는 달리 잘 살아남았습니다. 큰 성공을 거둔 것은 아니지만 여전히 즐겁게 컵케이크를 굽고, 오늘은 또 어떤 새로운 컵케이크를 만들어볼까 고민하면서 달콤하게 하루하루를 보내고 있습니다.

요즘 제과 재료시장에 가보면 컵케이크 틀과 컵케이크 컵의 종류가 많아졌다는 걸 느낍니다. 예전과는 달리 포장업체에서도 컵케이크 박스를 만들어 판매하고 있고요. 또 주변에 크고 작은 컵케이크 가게도 많이 생겼습니다. 이샘 컵케이크에서도 그동안 컵케이크 클래스를 시작해서 4년 동안 이곳을 통해 수많은 꿈이 여물고 결실을 맺었습니다.

처음 컵케이크 가게를 열면서 가졌던 자그마한 바람이 있습니다. 내가 사랑하는 컵케이크가 도넛이나 와플, 팬케이크처럼 우리의 삶에 달콤함을 선사해주는 디저트로 오래오래 남아 있기를, 그래서 삶의 특별한 순간에 행복을 더해줄 수 있기를. 그런 소박한 바람을 담아 컵케이크 레시피 책을 준비했습니다. 세상의 그 어떤 케이크도 집에서 직접 만들어서 따뜻한 온기가 남아 있는 케이크의 맛을 따라갈 수는 없을 테니까요.

2012년 8월 이샘

Toilet
Tea 차 (hot/ice)
Coffee 커피 (hot/ice)
Black Tea 홍차
Others 그 밖에
Yuzu-Ade
Life is just a cup of cake
Cupcake

Life is
흥이샘 컵케이크  Life is just a cup of cake
Life is just a cup of cake

작은 요정들이 생일파티에서 먹을 것처럼 작고 귀여워서 페어리 케이크라고도 불리는 컵케이크는 하나씩 들고 먹기 좋도록 작은 컵에 구운 케이크입니다. 달콤한 케이크 생각은 간절한데 베이커리에서 파는 커다란 케이크가 부담스러울 때 안성맞춤인 케이크지요. 컵케이크를 만드는 데 특별한 재료의 배합이나 반죽 방법이 있는 것은 아닙니다. 그저 어떤 종류의 케이크든 일단 컵에 반죽을 담아 구우면 그것이 바로 컵케이크가 되는 것이지요. 이렇게 맛있게 잘 구워진 케이크 위에 달콤한 프로스팅을 듬뿍 올리면 모두가 사랑하는 컵케이크가 완성됩니다.

2008년 5월, 이태원에서 문을 연 이샘 컵케이크는 달콤한 컵케이크를 굽는 집입니다. 작은 공간에서 사람들은 컵케이크를 나눠 먹고 커피도 나눠 마십니다. 이샘 컵케이크는 날마다 다양한 사람들의 즐거운 이야기와 건강한 웃음으로 가득 찹니다. 이곳에서 어떤 사람들은 사랑을 속삭이고, 어떤 사람들은 미래의 꿈을 키우기도 합니다. 그래서 이곳에서만큼은 모든 사람들이 걱정이 없길 바랍니다. 세상은 힘든 곳일 수도 있고, 반대로 즐거운 곳일 수도 있겠지요. 하지만 적어도 컵케이크 집에서만큼은 모든 사람들의 인생이 행복하길 그리고 달콤하길 바랍니다. 그저 컵케이크처럼 말입니다.

이샘 컵케이크에서는 컵케이크를 모두 수작업으로 굽고 있습니다. 베이커리의 규모가 커지면서 공장에서 만드는 케이크가 보편화되고 있지만, 이샘 컵케이크는 우리가 먹는 음식에는 반드시 만드는 사람의 따뜻한 손길이 느껴져야 한다고 생각합니다. 그래서 이샘 컵케이크의 모든 스태프들은 가장 건강하고 좋은 재료로 정성을 다해 맛있는 컵케이크를 만들어내는 것을 매우 자랑스럽게 생각합니다. 우리가 먹는 것이 우리 자신을 만들고, 더 나아가 이 지구를 만드는 것이라고 생각하기 때문입니다. 올바른 먹거리를 선택하는 것은 어쩌면 작고 사소한 일일지도 모르지만, 그것들이 모여 언젠가는 큰 변화를 가져올 거라고 우리는 믿습니다.

# Contents

## 바닐라



## 초콜릿
## 피넛 버터
## 캐러멜
## 커피

조금 투박하고 엉성해도 정성만 들어가 있다면 내 마음에 쏙 드는 컵케이크를 만들 수 있습니다. 물론 여기에 약간의 노하우까지 더해진다면 모양까지도 예쁜 컵케이크를 만들 수 있겠죠. 레시피 별로 주의해야 할 점을 적어두긴 했지만, 컵케이크를 만들 때 가장 기본이 되는 내용들을 먼저 알려드릴게요.

컵케이크를 잘 굽기 위해서는 올바른 도구를 선택하는 것이 무엇보다도 중요합니다. 꼭 필요한 도구로는 핸드믹서(혹은 거품기), 중탕을 위한 냄비, 채, 볼, 계량도구, 컵케이크 틀과 주름 컵, 고무주걱, 짤주머니, 프로스팅을 올릴 때 필요한 스패튤러 등이 있습니다. 이외에도 온도계나 전자레인지, 깍지 틀 등이 있으면 좋고, 거기에 스탠드믹서까지 있다면 정말 든든하겠죠. 만약 이 책을 통해 케이크 굽기에 처음 도전하는 분이라면 따로 정리해놓은 기본 도구들의 종류와 쓰임새를 꼼꼼하게 읽어보세요.

## 컵케이크 틀

요즘은 제과 재료시장에서 다양한 크기와 모양을 가진 컵케이크 틀을 쉽게 구할 수 있습니다. 보통 컵케이크 가게에서는 케이크의 모양을 잘 잡아줄 수 있도록 높이가 높은 틀을 사용합니다. 틀의 높이가 낮으면 반죽이 부풀어 오를 때 잘 잡아줄 수 없어서 케이크의 모양이 이상해지는 경우가 있기 때문입니다. 틀 바닥의 지름은 사용할 주름 컵을 고려해서 선택하면 됩니다. 만약 지름이 5센티미터인 주름 컵을 사용한다면, 틀은 지름이 5.5센티미터 미만이 되는 것으로 선택해주세요. 지름의 차이가 크면 주름 컵의 바닥이 넓어지면서 조금 뭉개진 모양으로 구워질 수도 있습니다.

컵케이크 틀

주름 컵

스패튤러

식힘 망

### 재료의 온도

맛있고 모양이 예쁜 컵케이크를 만들려면 적정한 온도를 유지하는 것이 중요합니다. 우선 컵케이크 반죽을 만들 때 사용되는 모든 재료는 실온상태로 맞춰주세요. 우유나 계란, 버터처럼 평소 냉장고에 보관하는 재료들은 미리 꺼내어 준비해둡니다. 또 녹여서 사용해야 하는 재료의 경우에는 녹인 후에 실온으로 식혀서 사용해야 합니다. 좀더 정확하게 컵케이크를 굽고 싶다면 모든 재료의 온도를 온도계로 측정해보는 것도 좋습니다.

### 계란을 섞을 때 주의할 점

크림상태로 만든 버터와 설탕에 계란을 넣으면 계란을 수분과 버터의 지방이 잘 섞이지 않아서 분리되기도 합니다. 계란은 조금씩 넣으면서 충분히 잘 섞어주세요.

### 반죽은 가볍게 섞어주세요

컵케이크의 부드럽고 폭신폭신한 식감을 살리기 위해서는 반죽을 지나치게 많이 섞지 마세요. 특히 가루 재료를 섞을 때에는 아주 가볍게 섞어주어야 합니다. 너무 오래 섞거나 강하게 힘을 주어서 섞으면 밀가루의 글루텐이 형성돼서 케이크가 질기고 거칠어집니다. 가루 재료를 섞을 때는 전기를 이용하는 믹싱기구보다는 고무주걱으로 가볍게 섞어주세요.

### 오븐을 잘 알아두세요

오븐은 컵케이크 반죽을 시작하기 전에 꼭 예열해두어야 합니다. 컵케이크나 케이크를 구울 때마다 오븐을 잘 관찰하고, 필요하다면 메모를 남겨두는 것도 좋습니다. 반죽을 오븐에 넣고 몇 분쯤 지나서 케이크가 많이 부풀어 오르는지, 케이크의 어느 부분이 먼저 익고 어느 부분이 덜 익는지, 온도는 잘 유지되는지 등 오븐에 대한 상세한 내용을 기록하다 보면 내가 가진 오븐의 특성을 잘 알게 됩니다. 그러면 어떤 종류의 컵케이크를 굽더라도 오븐 때문에 실패하는 일은 없을 거예요.

　한 가지 잊지 말아야 할 것은, 컵케이크를 오븐에 넣고 나서는 절대로 문을 열어보면 안 된다는 점입니다. 오랜 시간 공을 들여 반죽을 해서 안에 충분히 공기를 넣어주면, 뜨거운 오븐 안에서 공기 구멍에 열이 가해지면서 케이크가 부풀게 되는데요. 중간에 오븐을 열면 밖의 차가운 공기가 안으로 들어가면서 케이크가 다시 가라앉게 됩니다. 그러니 케익이 잘 구워지고 있는지 궁금해도 조금만 참아주세요.

## 충분히 구워졌을까

베이킹에서 시간은 절대적인 수치가 아닙니다. 이 책에 적힌 레시피에서도 시간은 보통 18분에서 22분 혹은 25분까지 그 범위가 꽤 넓습니다. 그 이유는 어디에서 어떤 재료를 사용하고, 어떤 오븐을 사용해서 굽는가에 따라서 케이크가 익는 시간이 달라지기 때문입니다.

케이크가 다 구워졌는지 알고 싶으면, 이쑤시개를 사용해서 가운데를 찔러보세요. 아무것도 묻어나지 않으면 잘 구워진 것입니다. 케이크나 컵케이크는 가운데 부분이 가장 늦게 익기 때문에 그곳이 다 익었다면 충분히 잘 구워진 상태라고 볼 수 있습니다.


## 식히고 꺼내고

오븐에서 잘 구워진 컵케이크는 꺼내서 식힘망에 올리고 10분 정도 그대로 둡니다. 막 오븐에서 나온 케이크는 굉장히 부드러워서 자칫 잘못 만졌다가는 부서질 수 있으니 조심하세요. 케이크가 어느 정도 식어서 단단해지면 틀에서 꺼내 완전히 식혀주면 되는데, 이때에는 컵케이크 틀을 45도 각도로 기울여서 컵케이크가 한 쪽으로 약간 쏠리게 한 후 틀에서 분리된 쪽을 살며시 들어 꺼내주면 됩니다.

컵케이크는 바로 먹는 것보다 하루 정도 숙성해야 훨씬 깊은 향과 맛을 느낄 수 있습니다. 완전히 식은 컵케이크는 밀폐용기에 담아 숙성시켜주세요.

컵케이크 만들기는 의외로 매우 간단합니다. 몇 가지 도구만 갖추면 간편하게 만들 수 있다는 것이 컵케이크의 매력이죠. 맛도 좋고, 모양도 예쁘고, 누구나 쉽게 만들 수 있는 아주 착한 디저트가 바로 컵케이크입니다.

## 오븐

컵케이크를 굽는데 특별한 오븐이 필요한 것은 아닙니다. 집에 가지고 있는 가스 오븐을 사용해도 좋고, 작은 가정용 전기 오븐을 사용해도 좋습니다. 오븐의 종류는 중요하지 않지만, 대신 자신이 가지고 있는 오븐에 대해 잘 알고 있어야 합니다. 오븐마다 온도의 차이가 있고, 같은 온도로 예열해두더라도 열기의 차이가 있기 때문에 레서피에 적힌 온도로 맞추어두는 것만으로 안심하면 안 됩니다. 어느 오븐에서는 160도로 맞추어두어도 다른 오븐의 180도만큼의 효과를 낼 수도 있고, 그 반대의 경우도 있으니까요. 또 오븐 안에서도 열선의 위치에 따라 케이크가 잘 구워지는 곳과 그렇지 않은 곳이 있습니다. 이럴 경우 케이크를 굽는 도중에 판을 돌려서 열기가 고루 퍼지도록 해주어야 합니다. 자신이 가지고 있는 오븐이 어느 정도의 힘을 낼 수 있는지, 열선의 위치가 어디에 있는지 알아내는 것은 온전히 주인의 몫입니다. 처음 두세 번은 실패할 각오를 하고 도전해보세요.

무엇보다 베이킹을 시작하기 전에 오븐을 먼저 예열해두는 것을 잊지 마세요. 오븐을 충분히 예열해야 케이크가 안정적으로 잘 구워집니다.

## 계량 도구

케이크를 구울 때는 정확한 계량이 아주 중요합니다. 가령 밀가루 120g을 넣으라고 레시피에 적혀 있는데 80g만 넣게 되면 예상과는 다른 결과물이 나옵니다. 그렇다면 레서피대로 똑같이 따라해야만 하는 것일까요? 꼭 그런 것은 아닙니다. 그렇다면 왜 나만의 레서피라는 것이 존재하겠어요. 10~15g 정도의 차이는 큰 문제가 되지 않으니 부담 갖지 말고 조정해보세요. 너무 달면 설탕을 줄이고, 너무 뻑뻑하면 밀가루를 줄이는 식으로요.

재료를 정확하게 계량하기 위해서는 전자저울이 필요합니다. 케이크를 자주 굽지 않더라도 1000g 이상을 계량할 수 있는 저울을 갖추는 것이 좋습니다. 많은 양의 퓌레를 만들어야 할 경우를 대비해서 말이죠.

보통 베이킹 레시피를 보면 티스푼(작은술)과 테이블스푼(큰술)으로 계량되어 있는 것을 볼 수 있습니다. 여기에서 티스푼은 우리가 흔히 차를 마실 때 쓰는 조금 작은 숟가락을 의미하는 것이 아닙니다. 요리용 계량스푼이 따로 있으니 구비해두면 편하게 사용할 수 있습니다.

## 볼과 거품기 그리고 주걱

케이크 반죽을 하려면 볼과 거품기, 고무주걱이 꼭 필요합니다. 시장에서 쉽게 구할 수 있는 양철로 된 볼도 좋고 유리 볼이나 사기 볼도 좋습니다. 컵케이크 12개 분량 정도는 조금 큰 라면 그릇에도 충분히 만들 수 있으니, 볼이 없다면 집에 있는 큰 그릇을 꺼내서 사용해보세요.

거품기는 버터를 부드럽게 풀어주고 설탕이나 계란을 섞을 때 사용합니다. 머리 부분을 가깝게 잡고 팔목을 가볍게 돌려주면 큰 힘을 들이지 않고도 재료를 잘 섞을 수 있습니다. 또 생크림을 만들거나 계란 흰자 거품을 올릴 때에도 사용할 수 있습니다. 손으로 직접 돌리면서 거품을 만드는 거품기 외에도 전기로 작동하는 핸드믹서나 손을 쓰지 않고 기계의 힘만으로 거품을 내는 스탠드믹서도 있습니다. 일반 가정에서 많이 사용하는 핸드믹서는 스탠드믹서보다는 힘이 약하지만, 스탠드믹서로 할 수 있는 대부분의 작업을 할 수 있기 때문에 꽤 유용합니다. 집에서 자주 케이크를 굽는 사람이라면 핸드믹서보다는 스탠드믹서를 추천합니다. 조금 비싸지만 투자할 만한 가치가 있는 기계입니다. 스탠드믹서는 케이크 반죽을 하거나 크림을 만들 때 사용할 수 있고, 슈거 페이스트나 쿠키 반죽, 빵 반죽도 척척 해냅니다. 스탠드믹서의 가장 큰 장점은 믹서를 돌려놓고 다른 작업을 할 수 있다는 것입니다. 그래서 아주 유능한 조수를 둔 것과 같은 효과를 볼 수 있어요. 스탠드믹서를 사용할 때는 작업하는 중간중간 고무주걱을 이용해 볼을 깨끗이 정리해주는 것이 좋습니다. 반죽이 골고루 섞일 수 있도록 말이죠.

보통 알뜰주걱이라고 불리는 고무주걱은 가루 재료를 가볍게 섞을 때 사용합니다. 또 컵케이크 반죽을 깨끗하게 짤주머니에 담을 때 사용하면 좋습니다.

거품기

볼과 고무주걱

고무주걱과 짤주머니

### 컵케이크 틀

요즈음에는 컵케이크 틀을 선택할 수 있는 폭이 꽤 넓어졌습니다. 보통 컵케이크 가게에서는 컵케이크를 예쁜 모양으로 구워내기 위해 높이가 높은 틀을 사용합니다. 여러분도 시중에서 구할 수 있는 일반 머핀 틀 중에 높이를 고려해서 선택해주세요. 6구와 12구의 머핀틀이 판매되고 있는데, 오븐 사이즈와 사람 수를 고려해서 구입하면 됩니다.

### 컵케이크 컵

컵케이크 틀을 구입했다면 거기에 맞는 크기의 컵을 준비해야 합니다. 다양한 색깔의 알록달록한 컵이나 예쁜 그림이 그려진 컵 등 다양한 종류가 있으니 용도에 맞게 선택해주세요. 컵케이크 가게에서는 염색을 최소화한 하얀색과 갈색의 컵을 사용하지만, 가정에서 조금씩 구울 때는 예쁜 컵을 사용하는 것도 괜찮겠죠.

### 타이머

타이머가 장착된 오븐을 가지고 있다면 따로 살 필요는 없지만, 그렇지 않다면 작은 가정용 타이머를 구입하세요. 오븐에 컵케이크를 넣어두고 타이머를 켜두지 않으면 새까맣게 탄 컵케이크를 꺼내게 될지도 모릅니다.

### 식힘 망

컵케이크의 가장 큰 매력은 달콤한 프로스팅에 있습니다. 프로스팅은 컵케이크를 완전히 식힌 상태에서 올려주어야 합니다. 보통 크림은 버터와 초콜릿 등으로 만들기 때문에 온도에 매우 민감합니다. 그래서 식지 않은 뜨거운 컵케이크 위에 바로 크림을 올리면 녹아버리고 맙니다. 아무리 급해도 컵케이크를 충분히 식혀주는 것이 우선이고 이를 위해서 반드시 식힘 망이 필요합니다. 적당히 공기가 통해야 컵케이크 속까지 잘 식기 때문이죠.

### 스패튤러

잘 식힌 컵케이크 위에 프로스팅을 올릴 때는 스패튤러라는 도구를 사용합니다. 스패튤러는 크기가 작은 것부터 큰 것까지 다양합니다. 크기가 작은 것은 컵케이크에 프로스팅을 올릴 때 사용하고, 큰 것은 원형케이크에 생크림을 바를 때 사용합니다.

# 컵케이크 기본 재료

컵케이크의 기본이 되는 재료로는 버터, 설탕, 계란, 밀가루가 있습니다. 이 네 가지의 재료에 초콜릿이나 딸기, 녹차 등 특별한 맛을 더해줄 재료가 한 가지 정도만 더 있으면 맛있는 컵케이크를 만들어낼 수 있습니다.

## 버터

버터는 다른 어떤 종류의 지방보다 케이크에 풍미를 더해줍니다. 뿐만 아니라 케이크의 부드러운 식감을 더해주고 스콘이나 파이 반죽에서는 특유의 바삭한 느낌을 더해주기도 하지요. 그렇기 때문에 풍부한 버터의 맛을 느끼려면 가공 버터보다는 천연 버터를 사용하는 것이 좋습니다.
케이크를 만들 때는 소금이 들어 있지 않은 무염 버터를 사용합니다. 레시피에 적힌 소금의 양을 줄이고 가염 버터를 사용해도 되지만, 맛있는 케이크를 만들기 위해서는 되도록 무염 버터를 사용하고 소금을 추가해주는 것이 좋습니다.
　버터는 케이크를 만들기 전에 냉장고에서 미리 꺼내서 말랑말랑하게 만든 다음 사용해야 합니다. 케이크 반죽을 만들 때에는 버터가 마요네즈 상태가 될 때까지 충분히 풀어주세요.

# 계란

계란은 컵케이크의 맛을 더욱 풍부하게 해주고 재료들이 잘 섞일 수 있도록 도와줍니다. 계란 노른자는 케이크를 부드럽게 만들어주고, 흰자는 수분의 역할을 해줍니다. 그래서 버터에 계란을 섞을 때 버터와 계란 흰자의 수분이 분리되는 경우도 있습니다. 그럴 때는 거품기를 사용해 빠른 속도로 섞어주세요. 버터와 마찬가지로 계란도 사용하기 1시간 전쯤에는 냉장고에서 꺼내서 실온상태를 유지해주세요.

## 버터와 계란을 간단하게 실온으로 맞추는 방법

베이킹을 잘 하려면 기본 온도를 잘 맞추는 것부터 시작해야 합니다. 재료의 상태에 따라 결과물이 많이 달라지기 때문입니다. 버터와 계란처럼 평소에 냉장고에 보관하는 재료들은 케이크를 굽기 전에 미리 꺼내두어 실온상태로 만들어주어야 합니다. 가장 손쉬운 방법은 케이크를 굽기 전에 버터와 계란을 미리 꺼내두어 자연스럽게 온도를 맞추는 것이겠죠. 사실 매장에서는 정해진 일정에 따라 케이크를 굽기 때문에 미리 재료를 꺼내놓는 것이 그다지 어려운 일은 아닙니다. 그런데 집에서 갑자기 케이크를 구워야 할 때에는 조금 문제일 수도 있습니다. 그럴 때 빠르게 실온상태로 만들 수 있는 해결책을 알려드릴게요.

**계란** 큰 볼에 계란을 넣고 미지근한 물을 담아주세요. 너무 뜨거운 물은 계란이 익을 수도 있으니 피해주세요. 적당히 미지근한 물을 넣고 5분 정도 후에 계란을 꺼내서 사용하면 됩니다.

**버터** 버터를 녹이는 가장 손쉬운 방법은 전자레인지를 이용하는 것입니다. 하지만 전자레인지를 잘못 사용하게 되면 버터가 완전히 녹아버릴 수 있기 때문에 주의해야 합니다. 버터를 그릇에 담고 5초 정도 살짝 돌려준 후 전자레인지를 열어 버터를 90도로 굴려주세요. 그러고 나서 다시 5초를 돌려주고 버터를 다시 한번 90도로 돌려줍니다. 이런 식으로 버터의 네 면을 골고루 5초 정도씩 돌려줍니다. 이렇게 해야 버터가 전체적으로 부드러워집니다. 20초에서 25초 가량 돌리면 버터가 완전히 부드러운 상태가 됩니다. 물론 전자레인지의 상태에 따라 조금 더 시간이 걸릴 수도, 덜 걸릴 수도 있습니다.

전자레인지가 없을 때에는 아주 작게 자른 버터를 볼에 넣고 미지근한 물을 담은 볼에 버터가 담긴 볼을 살짝 담갔다가 꺼내어 거품기로 섞어주면 됩니다. 너무 오래 담그면 버터가 녹아버릴 수도 있으니 가볍게 담근 후 꺼내주세요.

마지막 방법은 보온 밥솥을 이용하는 것입니다. 계량한 버터에 랩을 씌워 밥솥 위에 올려두면 금세 부드러워집니다.

## 설탕

케이크에 달콤함을 더해주는 설탕에는 여러 가지 종류가 있습니다. 흔히 사용하는 백설탕은 단맛을 더해주고, 황설탕은 단맛과 쫄깃쫄깃한 식감, 약간의 색깔을 더해줍니다. 레시피에 따로 황설탕이라고 적혀 있지 않다면 백설탕을 사용하면 됩니다.

슈거파우더는 백설탕을 가루상태로 만들고 뭉치는 것을 막기 위해 약간의 전분을 넣어 섞어준 가루입니다. 케이크를 구울 때보다는 프로스팅을 만들거나 마무리 장식용으로 사용되곤 합니다.

이 밖에도 메이플 시럽이나 꿀 등을 사용해 컵케이크에 향과 맛을 더해줄 수 있습니다. 다만 메이플 시럽이나 꿀은 수분이 많으므로 사용할 때 밀가루의 양을 잘 조절해야 합니다.

## 밀가루

컵케이크를 만들 때에는 보통 박력분을 사용합니다. 통밀가루를 사용할 때에는 통밀가루의 특성에 맞춰 약간의 조정이 필요합니다. 유기농 밀가루의 경우에는 일반 밀가루보다 수분 흡수율이 떨어지기 때문에 수분이 조금 분리될 수 있으나 결과물에 크게 영향을 주지는 않습니다. 밀가루는 사용하기 전에 반드시 체에 쳐서 덩어리를 풀어주어야 합니다. 이 과정에서 가루 사이에 공기가 들어가서 더욱 부드러운 케이크를 만들 수 있습니다.

## 우유

우유는 어떤 종류를 사용해도 됩니다. 일반 우유 대신 저지방 우유이나 무지방 우유를 사용해도 되지만, 일반 우유를 사용하면 우유의 지방이 케이크에 더욱 풍부한 맛을 더해줄 수 있습니다. 우유 대신 두유를 사용해도 됩니다. 단맛이 강한 두유를 사용하면 케이크의 당도에 영향을 줄 수 있으니, 담백한 맛의 두유를 선택하는 것이 좋습니다.

## 초콜릿

케이크를 구울 때에는 일반 마트에서 판매하는 가공 초콜릿보다는 제과용 초콜릿을 사용하는 것이 좋습니다. 제과용 초콜릿을 초콜릿 커버춰라고 부르는데, 커버춰는 카카오 함량이나 만드는 방법에 따라 종류가 매우 다양합니다. 물론 카카오 함량이 높다고 해서 무조건 좋은 초콜릿은 아닙니다. 카카오 함량에 따라 초콜릿 커버춰 자체의 맛이 달라지기 때문에 다양한 초콜릿 커버춰를 사용해보고 내 입맛에 맞는 초콜릿을 선택하세요. 이샘 컵케이크에서는 프랑스 초콜릿 회사의 카카오 함량 70% 초콜릿과 스위스 회사의 카카오 함량 72% 초콜릿을 주로 사용하고 있습니다.

## 코코아가루

코코아가루는 컵케이크의 색을 진하게 해주는 역할을 합니다. 필수적인 재료는 아니지만 넣어주면 맛과 색이 더 풍성해집니다. 코코아가루 역시 제과용 코코아가루를 사용해야 합니다. 물이나 우유에 타서 마시는 보통의 코코아에는 우유와 설탕이 들어가 있기 때문에 잘못 사용하면 다른 고급 재료들의 맛을 떨어뜨릴 수도 있으므로 주의하세요.

## 베이킹파우더

베이킹파우더는 베이킹소다에 산성가루와 전분 등을 섞어 만든 화학 팽창제로 수분과 열에 반응하여 이산화탄소를 발생시키면서 케이크를 부풀게 하는 역할을 합니다. 제과에 사용되는 베이킹파우더는 수분에 닿으면 공기 방울을 만들며 180도 이상의 고온에서 가장 활발한 반응을 일으킵니다. 따라서 온도가 충분히 오르지 않은 상태에서 반죽을 넣고 굽기 시작하면 케이크가 잘 부풀지 않습니다. 베이킹파우더는 공기에 장시간 노출될 경우 팽창력이 떨어지기 때문에 반드시 밀폐용기에 넣어서 보관해야 합니다.

## 베이킹소다

베이킹파우더가 만들어지기 전에는 보통 베이킹소다를 팽창제로 사용했습니다. 다만 베이킹소다를 사용하면 색이 누렇게 변하거나 씁쓸한 맛이 남기도 해서 베이킹파우더를 만들어낸 것이죠. 그러나 여전히 황설탕이나 코코아가루를 사용하는 제품에서는 베이킹소다를 많이 사용합니다. 베이킹소다는 수분에 닿으면 바로 반응을 시작하기 때문에 반죽이 완성되면 바로 오븐에 넣어주어야 합니다. 또 베이킹파우더와는 달리 팽창력이 오래 지속되는 장점이 있습니다.

## 기타 재료

딸기, 블루베리, 바닐라, 얼그레이, 녹차, 커피, 캐러멜 등 컵케이크의 맛을 다양하게 만들어주는 재료는 무궁무진합니다. 이 책에 소개되는 레시피와 시중의 컵케이크 집에서 판매되는 컵케이크는 수많은 컵케이크 중의 일부라고 할 정도로 다양한 재료를 사용해 갖가지 컵케이크를 만들 수 있습니다. 자신이 좋아하는 재료를 이용해서 나만의 컵케이크를 개발하는 것도 또 하나의 재미가 될 수 있겠죠.

초콜릿

녹인 초콜릿

캐러멜

딸기와 블루베리

# 견과류 굽기

견과류는 그냥 먹어도 맛있지만 케이크를 구울 때 살짝 구워서 사용하면 훨씬 고소하고 아삭한 식감까지 더해줄 수 있습니다. 견과류를 굽지 않고 사용하면 비린 맛이 나거나 다른 재료들의 맛과 향에 묻혀 제 역할을 하지 못할 수도 있으니 되도록 잘 구워서 사용해주세요. 구운 견과류는 케이크뿐 아니라 요구르트의 토핑이나 샐러드의 재료 등 다양하게 활용할 수 있습니다. 견과류를 굽는 다양한 방법에 대해 알려드릴게요.

## 프라이팬

프라이팬을 중불에 올려 달궈주세요. 충분히 달궈진 팬에 견과류를 담고 고르게 펴줍니다. 구우면서 견과류에서 기름이 빠져 나오기 때문에 따로 기름을 두르지 않아도 됩니다. 갈색이 될 때까지 나무주걱으로 잘 섞어가며 구워주세요. 다 구워졌으면 바로 불에서 내리고 그릇으로 옮겨 담아주세요.

## 전자레인지

전자레인지용 용기에 견과류를 고르게 올리고 1분씩 간격을 두고 돌려줍니다. 색과 향을 보아가며 여러 번 돌려줍니다. 갈색이 돌고 고소한 향이 나면 다 구워진 것입니다. 가장 간편한 방법이지만 프라이팬이나 오븐을 이용해서 굽는 것만큼 고소하게 굽기는 어렵습니다. 급히 만들어서 사용해야 할 때 이용하면 좋습니다.

많은 양의 견과류를 한꺼번에 구워야 할 때는 오븐을 이용하는 것이 좋습니다. 오븐 팬 위에 유산지를 깔고 견과류를 고르게 올립니다. 오븐이 180도로 예열되면 팬을 넣고 구워줍니다. 중간에 팬을 꺼내 한 번씩 섞어주는 것도 좋습니다. 어떤 종류의 견과류를 굽느냐에 따라 시간은 조금씩 달라집니다. 아래 표를 참고해서 굽고, 오븐의 상태와 견과류의 크기에 따라 굽는 시간이 달라질 수 있으므로 견과류가 타지 않도록 주의해주세요.

이샘 컵케이크에서는 오븐을 예열하는 시간에 견과류를 굽곤 하는데요. 이렇게 오븐을 처음 가동하면서 견과류를 넣고 180도가 될 때까지 서서히 구워주면 시간과 전력을 절약할 수 있어 좋습니다.

| 종류 | 시간 |
| --- | --- |
| 슬라이스 아몬드 | 7~10분 |
| 통아몬드 | 10분 |
| 호두 | 10~15분 |
| 헤이즐넛 | 12~15분 |
| 피칸 | 10~15분 |
| 땅콩 | 20분 |

## 버터크림 프로스팅

보통 컵케이크 하면 미국 스타일의 알록달록하고 화려한 색깔의 프로스팅이 잔뜩 올라간 컵케이크를 떠올리게 마련인데요. 매그놀리아 스타일로 대표되는, 컵케이크 위에 거대하게 올라가 있는 프로스팅이 바로 미국식 버터크림 프로스팅입니다. 크림상태로 만든 버터에 슈거파우더를 잔뜩 넣어 섞다가 바닐라 엑기스와 약간의 우유를 넣어주면 되는 아주 간단한 프로스팅이죠. 굉장히 달아서 레시피 그대로 만들었다가는 한입 이상 먹지 못할지도 모르니, 조금 당도를 조절하는 게 좋습니다.

버터크림의 경우에는 버터의 맛이 매우 중요합니다. 주재료가 버터와 설탕이기 때문이죠. 풍미가 좋은 고급 버터를 사용한 버터크림과 상대적으로 저렴한 가격의 가공 버터나 마가린 혹은 쇼트닝을 사용한 버터크림은 맛에서 큰 차이가 있습니다. 좋은 버터를 사용하면 설탕을 많이 넣지 않아도 부드럽고 달콤한 크림을 만들 수 있습니다.

버터크림을 만들 때 가장 중요한 것은 휘핑입니다. 방법은 간단하지만 안에 충분한 시간을 가지고 공을 들여서 해주는 것이 좋습니다. 버터에 슈거파우더를 조금씩 넣으면서 잘 섞어서 공기를 충분히 넣어주어야 합니다. 공기가 넉넉하게 들어가서 부드러워진 버터크림은 밀폐용기에 담아서 실온에서 보관해줍니다. 차가운 냉장고에 들어가게 되면 온도에 민감한 버터가 금방 굳어버리기 때문입니다. 만약 냉장고에 보관했다면 사용하기 2시간 전에 미리 꺼내서 자연스럽게 부드러워지도록 해주세요. 실온에 보관한 크림이라 할지라도 시간이 지나면 공기가 빠져나가면서 쫀득쫀득한 상태가 될 수 있습니다. 그렇기 때문에 가능하면 빨리 사용하는 것이 좋고, 크림이 덜 부드럽다고 느껴지면 다시 볼에 담아 거품기로 섞어주세요.

### 바닐라 버터크림

**버터 110g, 슈거파우더 300g, 바닐라 엑기스 2작은술, 바닐라 빈 1/3개, 우유 적당량**

실온에 꺼내두어 말랑말랑해진 버터를 볼에 넣고 거품기로 잘 섞어줍니다. 잘 풀린 버터에 슈거파우더를 조금씩 넣으면서 계속 섞습니다. 버터와 슈거파우더 그리고 공기가 잘 섞여 부드럽고 맛있는 크림이 될 수 있도록 인내심을 가지고 섞는 것이 중요합니다. 슈거파우더가 들어가게 되면 버터의 수분을 흡수하면서 크림이 점점 뻑뻑해집니다.(핸드믹서를 사용하면 좀더 쉽게 만들 수 있습니다.) 버터와 슈거파우더가 잘 섞였으면, 거기에 바닐라 엑기스와 바닐라 빈을 넣고 섞어준 후 우유를 조금씩 넣으면서 농도를 조절해주세요.

### 다크초콜릿 버터크림

**버터 110g, 슈거파우더 300g, 다크초콜릿 80g, 코코아가루 2큰술, 바닐라 엑기스 1작은술, 우유 적당량**

초콜릿을 중탕해서 녹인 다음 실온상태로 식혀주세요. 말랑말랑한 버터를 볼에 담고 부드럽게 풀어준 후 슈거파우더를 조금씩 넣으면서 섞습니다. 오래 섞어서 충분히 풍성한 크림이 되면 녹인 초콜릿을 넣어주세요. 여기에 바닐라 엑기스를 넣고 우유도 한 스푼 넣어주세요. 코코아가루는 색을 내주기 위해 넣는 재료이므로 없으면 생략해도 됩니다. 우유를 조금씩 더 넣어가며 농도를 조절해주세요.

## 초콜릿 가나슈 프로스팅

부드러운 생크림과 진한 다크초콜릿 만나서 깊은 맛을 내는 초콜릿 가나슈 프로스팅은 의외로 많이 달지 않고 다크초콜릿 특유의 쌉싸래한 맛을 느낄 수 있어서 아이들보다는 어른들의 입맛에 더 잘 맞습니다. 또 만들기도 참 쉬워서 부글부글 끓인 생크림을 초콜릿에 부어서 초콜릿을 잘 녹인 후 취향에 따라 나머지 재료들을 섞어주기만 하면 됩니다. 만들 때 주의할 점은 절대로 초콜릿을 직접 불에 대고 녹이면 안 된다는 것입니다. 끓인 생크림의 온도로도 꽤나 많은 양의 초콜릿이 녹으니 너무 걱정 말고 꾸준히 저어주세요.

### 다크초콜릿 가나슈

**다크초콜릿 120g, 생크림 130g, 버터 15g, 슈거파우더 50g, 바닐라 엑기스 1작은술**

바닥이 두꺼운 냄비에 생크림을 담고 중불에서 끓여주세요. 크림이 데워지면서 김이 올라오면 불에서 내립니다. 거품이 올라올 때까지 끓이지 않도록 주의하세요. 데워진 생크림을 초콜릿과 버터를 계량해놓은 볼에 넣고 저어주면서 초콜릿과 버터를 녹여주세요. 쌉싸래한 초콜릿 가나슈의 맛이 좋다면 그대로 사용해도 되고, 조금 달콤하게 만들고 싶다면 슈거파우더를 넣고 가볍게 섞은 후 사용하세요. 바닐라 엑기스를 넣어주면 향이 더 좋아집니다.

## 크림치즈 프로스팅

크림치즈 프로스팅은 이름 그대로 버터와 슈거파우더에 크림치즈를 더해서 만듭니다. 버터보다 크림치즈가 더 많이 들어가기 때문에 더 진한 치즈의 맛을 느낄 수 있습니다. 이샘 컵케이크에서는 버터크림 컵케이크보다 크림치즈 컵케이크를 더 많이 소개하고 있는데요. 달콤한 디저트를 그리 즐기지 않는 한국 사람들의 입맛에는 버터크림이나 가나슈보다 크림치즈가 더 잘 맞는다고 생각했기 때문입니다. 크림치즈 프로스팅은 크림치즈 특유의 신맛이 있어서 덜 달게 느껴지거든요.

　　크림치즈는 재료의 특성 상 버터보다 수분의 함량이 더 높습니다. 거품기로 크림치즈를 부드럽게 풀어주면 치즈 안에 있던 수분이 밖으로 빠져나오면서 질척한 크림상태가 됩니다. 따라서 너무 많이 섞게 되면 크림이 물러져서 케이크 위에 바를 수 없는 상태가 될 수도 있습니다. 또 버터와 수분이 분리될 수도 있으니 슈거파우더를 넣고 나서는 너무 많이 섞지 않도록 해주세요.

### 오리지널 크림치즈

**크림치즈 200g, 버터 80g, 슈거파우더 200g**

실온에 꺼내두어 말랑말랑해진 버터를 볼에 넣고 부드럽게 풀어주세요. 여기에 크림치즈를 조금씩 넣어가며 잘 섞이도록 휘저어줍니다. 완전히 섞이면 슈거파우더를 조금씩 넣으면서 섞어주세요. 너무 많이 섞지 않도록 주의합니다. 충분히 수분이 빠져나와 크림이 질척해졌으면 밀폐용기에 담아 냉장고에 넣어서 굳힌 후 사용하면 됩니다.

이샘 컵케이크에서는 모양 깍지 틀과 짤주머니를 이용해 컵케이크를 아이싱하지 않습니다. 대신 스패튤러로 자연스러운 모양을 내고 있는데요. 소박한 모습과는 달리 예쁘게 아이싱하기가 쉽지만은 않습니다. 그래서 꽤 오랫동안 시간과 노력을 들여 연습을 해야만 예쁘게 컵케이크 아이싱을 할 수 있습니다. 연습할 때 다음의 순서를 잘 읽고 따라해보세요. 조금은 빠른 길이 보일 테니까 말이죠.

크림의 상태가 부드러울수록 예쁘게 아이싱을 할 수 있습니다. 아이싱을 시작하기 바로 직전에 크림을 만들면 가장 좋겠지만, 만약 그렇지 못하다면 스패튤러를 이용해서 크림을 충분히 부드럽게 만들어준 다음에 시작하세요.

1. 부드럽게 만든 크림을 원하는 양만큼 들어올린 후 스패튤러에서 잘 떨어질 수 있도록 동그랗게 공 모양을 만듭니다. 살짝 들어올려 컵케이크 가운데에 놓아주세요.

2. 스패튤러의 가장 넓은 부분을 크림에 밀착하고 크림을 컵케이크 표면 전체에 부드럽게 펼쳐주세요. 컵케이크를 먹을 때 크림이 양이 다르지 않도록 고르게 잘 펼쳐줍니다.

3. 스패튤러의 날카로운 옆선을 이용해서 올라간 크림의 표면을 매끄럽게 정리해주세요. 특히 크림과 케이크가 만나는 부분이 너무 거칠지 않도록 잘 눌러서 정리합니다.

4. 깨끗한 스패튤러로 크림의 가운데 부분을 살짝 누르면서 왼쪽 방향으로 가볍게 돌려주세요. 컵케이크를 들고 있는 왼손은 반대로 케이크를 돌립니다. 너무 크림을 파내지 않도록 주의하세요. 자, 예쁜 아이싱이 완성되었습니다!

바닐라

*vanilla*

# 바닐라 빈 컵케이크



케이크 가게의 기본이 되는 케이크라면 역시 바닐라 케이크가 아닐까요? 바닐라 케이크가 맛있다면 다른 케이크의 맛과 질도 어느 정도는 짐작할 수 있으니 말이죠. 바닐라 케이크의 맛은 바닐라 빈이라는 원재료의 향에서 나옵니다. 즉 혀로 느끼는 미각보다 코로 느끼는 후각에 의해 형성된 맛이라고 할 수 있어요. 그렇기 때문에 좋은 품질의 바닐라 빈이나 좋은 품질의 바닐라 빈으로 만든 바닐라 엑기스를 사용하면, 케이크의 풍미가 믿을 수 없을 만큼 좋아집니다. 평소에 알고 있던 바닐라의 맛과는 전혀 다른 맛을 느낄 수 있을 거예요.

밀가루 박력분 180g • 버터 120g • 계란 2개 • 설탕 190g • 베이킹파우더 6g • 소금 2g
우유 125g • 바닐라 엑기스 1작은술 • 바닐라 빈 1/3개
**프로스팅** 바닐라 버터크림 1배합(34p 참고) • 장식용 크런치

1. 오븐을 180도로 예열하고 컵케이크 틀에 주름 컵을 끼워 준비합니다. 실온에 꺼내두어 말랑말랑해진 버터를 믹서로 풀어준 후 설탕을 조금씩 넣어가며 부드럽게 크림형태로 만들어줍니다. 반죽이 충분히 부드러워졌으면 계란을 하나씩 넣어가며 섞어줍니다. 분리되지 않도록 빠른 속도로 잘 섞어줍니다.

2. 밀가루, 베이킹파우더, 소금을 함께 체에 쳐서 준비하고, 우유와 바닐라 엑기스도 함께 계량해주세요.

3. 1의 반죽에 가루 재료와 우유 재료를 번갈아 가면서 넣고 잘 섞어줍니다. 가루 재료는 1/3씩 나누어서 넣고, 우유 재료는 1/2씩 나누어서 섞어주세요. 마지막으로 바닐라 빈 줄기를 반으로 갈라서 안쪽의 바닐라 빈을 칼등으로 긁어냅니다. 그런 다음 반죽에 넣어서 휙휙 섞어주세요. 반죽을 스푼이나 짤주머니를 이용해서 컵케이크 컵에 2/3씩 담아줍니다.

4. 예열된 오븐에 넣고 20~23분 정도 구운 후 이쑤시개로 찔러보아 아무것도 묻어나지 않으면 꺼내주세요. 그대로 두었다가 10분 후 틀에서 꺼내 식힘 망 위에서 충분히 식힙니다.

5. 완전히 식힌 컵케이크 위에 바닐라 빈을 듬뿍 넣은 바닐라 버터크림 프로스팅을 올리고 원하는 모양으로 장식하여 마무리하세요.

**바닐라 엑기스** 보드카 한 병(1000ml) · 바닐라 빈 80g

재료시장에서 판매하는 바닐라 엑기스의 향이 마음에 들지 않는다면 직접 집에서 만들어보면 어떨까요?
보드카 한 병과 신선한 바닐라 빈, 그리고 8주 정도의 시간만 있으면 충분합니다.
우선 유리병을 깨끗하게 소독한 후 완전히 말려주세요. 그런 다음 소독한 유리병에 보드카 한 병을 붓고
바닐라 빈을 긁어서 넣어줍니다. 긁고 난 줄기도 함께 넣어주세요. 유리병을 완전히 밀폐한 후 여러 번 흔
들어서 섞어주고 어둡고 서늘한 곳에서 보관합니다. 바닐라 컵케이크를 만들다가 남은 바닐라 빈 줄기가
있으면 병 안에 더 넣어주어도 괜찮습니다.
8주의 시간이 흐르면, 바닐라 향이 가득한 천연 바닐라 엑기스가 완성됩니다!

# 초콜릿 칩 컵케이크

바닐라 컵케이크에 질 좋은 초콜릿 칩을 한 줌만 넣어서 구워도 색다른 컵케이크를 만들 수 있습니다. 일반 재료시장에서 판매하는 초콜릿 칩 대신에 맛이 좋은 제과용 초콜릿 커버춰를 직접 믹서에 갈아서 넣어주면 훨씬 고급스러운 초콜릿 칩 컵케이크가 완성됩니다. 또 완성된 케이크 안에 뜨거운 초콜릿 소스를 넣고 아이스크림을 한 스쿱 올려내면 색다른 디저트를 맛볼 수 있어요.

밀가루 박력분 180g • 버터 120g • 계란 2개 • 설탕 190g • 베이킹파우더 6g • 소금 2g
우유 125g • 바닐라 엑기스 1작은술 • 바닐라 빈 1/3개 • 초콜릿 칩 60g • 초콜릿 소스 적당량
아이스크림 한 스쿱

1  오븐을 180도로 예열하고 컵케이크 틀에 주름 컵을 끼워 준비합니다. 실온에 꺼내두어 말랑말랑해진 버터를 믹서로 풀어준 후 설탕을 조금씩 넣어가며 부드럽게 크림형태로 만듭니다. 반죽이 충분히 부드러워졌으면 계란을 하나씩 넣어가며 섞어주세요. 분리되지 않도록 빠른 속도로 잘 섞어줍니다.

2  밀가루, 베이킹파우더, 소금을 함께 체에 쳐서 준비하고, 우유와 바닐라 엑기스도 함께 계량해 주세요.

3  1의 반죽에 가루 재료와 우유 재료를 번갈아 가면서 넣고 잘 섞어줍니다. 가루 재료는 1/3씩 나누어서 넣고, 우유 재료는 1/2씩 나누어서 섞어주세요. 마지막에 초콜릿 칩을 넣어서 가볍게 섞어주세요. 반죽을 컵에 넣고 예열된 오븐에서 20~22분 정도 구워줍니다.

4  완전히 식힌 초콜릿 칩 컵케이크의 속을 동그랗게 파내고 뜨거운 초콜릿 소스를 넉넉하게 부어주세요. 그리고 평소에 좋아하던 아이스크림을 한 스쿱 올려줍니다. 기호에 따라 구운 견과류를 뿌려 먹거나 초콜릿 소스로 장식하면 훌륭한 디저트가 됩니다. 아이스크림 대신 바닐라 버터크림이나 다크초콜릿 버터크림 프로스팅을 올려도 좋습니다.

초콜릿 소스  연유 390g • 버터 60g • 초콜릿 85g
초콜릿을 잘게 부순 후 다른 재료와 함께 냄비에 넣고 중불에 끓여 섞어줍니다.

4-1          4-2

4-3

4-4

# 티라미수 컵케이크

밀가루 박력분 180g • 버터 120g • 계란 2개 • 설탕 190g • 베이킹파우더 6g • 소금 2g
우유 125g • 바닐라 엑기스 1작은술 • 바닐라 빈 1/3개 • 깔루아 커피시럽 2큰술
**프로스팅** 오리지널 크림치즈 1배합(35p 참고) • 코코아파우더 약간

1  오븐을 180도로 예열하고 컵케이크 틀에 주름 컵을 끼워 준비합니다. 실온에 꺼내두어 말랑
   말랑해진 버터를 믹서로 풀어준 후 설탕을 조금씩 넣어가며 부드럽게 크림형태로 만들어줍니
   다. 반죽이 충분히 부드러워졌으면 계란을 하나씩 넣어가며 섞어줍니다. 분리되지 않도록 빠른
   속도로 잘 섞어줍니다.

2  밀가루, 베이킹파우더, 소금을 함께 체에 쳐서 준비하고, 우유와 바닐라 엑기스도 함께 계량해
   주세요.

3  1의 반죽에 가루 재료와 우유 재료를 번갈아 가면서 넣고 잘 섞어줍니다. 가루 재료는 1/3씩
   나누어서 넣고, 우유 재료는 1/2씩 나누어서 섞어주세요. 마지막으로 바닐라 빈 줄기를 반으
   로 갈라서 안쪽의 바닐라 빈을 칼등으로 긁어낸 후 반죽에 넣어 휙휙 섞어주세요. 완성된 반
   죽을 스푼이나 짤주머니를 이용해서 컵케이크 컵에 2/3씩 담아줍니다.

4  예열된 오븐에 넣고 20~23분 정도 구운 후 이쑤시개로 찔러보아 아무것도 묻어나지 않으면
   꺼내주세요. 10분간 그대로 두었다가 틀에서 꺼내 식힘 망 위에서 충분히 식힙니다.

5  포크나 작은 칼로 컵케이크 표면에 작은 구멍을 여러 개 만들어주세요. 구멍 안으로 깔루아 커
   피시럽을 조금씩 부어서 컵케이크를 충분히 적셔줍니다. 큰 숟가락으로 두 스푼 정도 넣으면
   적당합니다.

6  준비된 컵케이크 위에 오리지널 크림치즈 프로스팅을 올리고 코코아파우더를 듬뿍 뿌려줍니다.


**깔루아 커피시럽** 설탕 65g • 커피 2큰술 • 물 125g • 깔루아 1큰술
끓는 물에 설탕과 커피, 깔루아를 넣고 중불에서 3분 정도 더 끓여준 후 불에서 내려 식혀서 사용합니다.

직접 만들어 먹는 케이크에 대한 로망은 엄마로부터 물려받은 것 같아요. 어린 시절 엄마가 만들어주었던 땅콩 도너츠, 스위스 롤케이크, 고구마 케이크의 맛이 아직도 기억에 생생합니다. 그 중에서도 티라미수는 엄마가 가장 좋아하는 케이크로, 손님이 오실 때면 늘 준비해놓았던 케이크였어요. 엄마가 티라미수를 만들 때 옆에서 커피시럽을 만들어서 쿠키에 적시는 일은 언제나 제 담당이었습니다.

깔루아를 넣은 커피시럽으로 바닐라 컵케이크를 촉촉이 적시면 케이크는 훨씬 더 부드러워지고 바닐라 향과 커피 향이 절묘하게 어우러져 고급스러운 컵케이크가 완성됩니다.

# 스모어 컵케이크



밀가루 박력분 180g • 버터 120g • 계란 2개 • 설탕 190g • 베이킹파우더 6g • 소금 2g • 우유 125g
바닐라 엑기스 1작은술 • 바닐라 빈 1/3개 • 다이제스티브 쿠키 90g • 녹인 버터 60g
**프로스팅** 다크초콜릿 가나슈 1배합(34p 참고) • 마시멜로 크림 1배합

1 오븐을 180도로 예열하고 컵케이크 틀에 주름 컵을 끼워 준비합니다.

2 다이제스티브 쿠키를 잘게 부수고 실온에서 녹인 버터에 넣어 잘 섞어주세요. 한 스푼씩 주름 컵에 담고 손가락이나 숟가락을 이용해 꾹꾹 눌러줍니다.

3 실온에 꺼내두어 말랑말랑해진 버터를 믹서로 풀어준 후 설탕을 조금씩 넣어가며 부드럽게 크림형태로 만듭니다. 반죽이 충분히 부드러워졌으면 계란을 하나씩 넣어가며 섞어주세요. 분리되지 않도록 빠른 속도로 잘 섞어줍니다.

4 밀가루, 베이킹파우더, 소금을 함께 체에 쳐서 준비하고, 우유와 바닐라 엑기스도 함께 계량해주세요. 3의 반죽에 가루 재료와 우유 재료를 번갈아 가면서 섞어줍니다. 가루는 1/3씩 나누어서 넣고, 우유는 1/2씩 나누어서 섞어주세요. 마지막으로 바닐라 빈 줄기를 반으로 갈라서 안쪽의 바닐라 빈을 칼등으로 긁어낸 후 반죽에 넣어 휙휙 섞어주세요. 완성된 반죽을 스푼이나 짤주머니를 이용해 컵케이크 컵에 2/3씩 담아줍니다.

5 오븐에 넣고 22~25분 정도 구워줍니다. 바닥에 쿠키가 깔려 있기 때문에 보통의 바닐라 컵케이크보다 굽는 시간이 조금 더 걸릴 수도 있습니다. 가운데를 이쑤시개로 찔러서 확실히 익었는지 확인한 후 오븐에서 꺼내주세요.

6 컵케이크가 완전히 식으면 가운데를 잘라내고 미리 만들어둔 마시멜로 크림으로 속을 채워주세요. 잘라낸 컵케이크 조각으로 위를 다시 덮고 다크초콜릿 가나슈 프로스팅을 올립니다.

7 프로스팅 위에 마시멜로 크림을 올리고 토치로 살짝 그을려주면 맛있는 스모어 컵케이크가 완성됩니다.

2-1

2-2

 판젤라틴 2장 · 설탕 250g · 물 80ml · 계란 흰자 3개 · 바닐라 빈 1개

판젤라틴을 차가운 물에 불려줍니다. 설탕과 물을 냄비에 담고 중불에 끓여서 시럽을 만듭니다. 120도가 될 때까지 끓여주세요. 시럽이 끓는 동안 계란 흰자를 믹서에 넣고 머랭을 만들어주세요. 시럽이 120도가 되면 불에서 내리고 머랭에 조금씩 부어서 섞어줍니다. 젤라틴의 물기를 손으로 꾹 짜준 다음 머랭에 넣고 섞어주세요. 마지막으로 바닐라 빈을 넣고 섞은 후 크림이 미지근해지면 병에 옮겨 담아 보관합니다. 마시멜로 크림은 2~3일 정도 두고 사용할 수 있습니다.

# 쿠키 퐁당 컵케이크

초콜릿 칩 쿠키 반죽을 만들다가 쿠키 반죽을 컵케이크 반죽에 넣어서 구워보면 어떨까 하는 엉뚱한 생각을 했어요. 실제로 해보았더니 케이크 속에서 쿠키가 씹히는 질감은 나쁘지 않았지만, 쿠키 반죽이 무거워서인지 컵케이크가 평소만큼 예쁘게 구워지지 않았습니다. '쿠키와 컵케이크를 함께 먹을 수 있는 방법은 없을까?' 고민하던 끝에, 쿠키 필링을 만들어 컵케이크 안에 넣어보았습니다. 쫄깃한 쿠키와 부드러운 컵케이크가 잘 어울리고, 여기에 황설탕 버터크림을 얹으니 정말 색다른 컵케이크가 완성됐습니다. 장식으로 올린 초콜릿 칩 쿠키는 많이 만들어서 간식으로 하나씩 꺼내 먹어도 좋아요.

밀가루 박력분 130g • 버터 160g • 황설탕 150g • 계란 2개 • 베이킹파우더 1g • 베이킹소다 2g • 우유 120g
바닐라 엑기스 1작은술 • 초콜릿 칩 90g • 쿠키 필링 1배합
**프로스팅** 황설탕 버터크림 1배합 • 초콜릿 칩 쿠키 12개

1 오븐을 180도로 예열하고 컵케이크 틀에 주름 컵을 끼워 준비합니다.

2 버터와 황설탕을 섞어서 크림상태로 만들어줍니다. 3분 정도 섞어서 부드럽게 만든 후 계란을 하나씩 넣어 다시 한번 섞어주세요.

3 밀가루, 베이킹파우더, 베이킹소다를 체에 치고, 우유와 바닐라 엑기스를 함께 계량한 후 두 재료를 번갈아 가면서 섞어줍니다. 마지막으로 초콜릿 칩을 넣어 가볍게 섞은 후 반죽을 컵케이크 컵에 2/3 정도 채워 담고 오븐에 넣어서 굽습니다. 22~25분 정도 구운 후 이쑤시개로 찔러보아서 아무것도 묻어나지 않으면 오븐에서 꺼내어 식힘 망 위에서 식혀주세요.

4 컵케이크가 식는 동안 쿠키 필링을 준비합니다. 믹싱 볼에 모든 재료를 넣고 주걱으로 부드럽게 섞어주세요.

5 완전히 식힌 컵케이크의 가운데를 동그랗게 도려내고 쿠키 필링으로 채워줍니다. 황설탕 버터크림 프로스팅을 올리고 미리 구워놓은 초콜릿 칩 쿠키로 장식합니다.

**쿠키 필링** 밀가루 82g • 녹인 버터 57g • 황설탕 67g • 백설탕 23g • 바닐라 엑기스 1작은술
우유 2큰술 • 초콜릿 칩 88g
모든 재료를 한 볼에 넣고 고무주걱을 이용해 섞으면서 한 덩어리로 뭉쳐주세요.

**황설탕 버터크림** 버터 130g • 황설탕 50g • 슈거파우더 200g • 바닐라 엑기스 1작은술 • 우유 약간
버터에 황설탕을 넣고 잘 섞어서 크림형태로 만든 후 슈거파우더를 조금씩 넣어 섞어줍니다. 바닐라 엑기스를 넣고 우유로 농도를 조절해주세요.

초콜릿 칩 쿠키 밀가루 100g ● 베이킹소다 1g ● 녹인 버터 85g ● 황설탕 100g ● 백설탕 45g 계란 1개 ● 바닐라 엑기스 2작은술 ● 초콜릿 칩 100g

오븐을 180도로 예열합니다. 버터와 설탕을 충분히 섞어서 크림형태로 만든 후에 계란과 바닐라 엑기스를 넣어 다시 한번 섞어줍니다. 가루 재료를 넣고 가루가 안 보일 때까지 섞은 다음 초콜릿 칩을 넣어 고무주 걱으로 가볍게 섞습니다. 쿠키 반죽을 아주 작은 사이즈로 동그랗게 만들어 팬에 올린 후 오븐에서 6~7 분 정도 구워줍니다.

# 프렌치 토스트 컵케이크

밀가루 박력분 150g • 버터 165g • 설탕 190g • 베이킹파우더 6g • 소금 2g • 우유 125g
바닐라 엑기스 1작은술 • 시나몬가루 2g • 계란 3개
**프로스팅** 메이플 크림치즈 1배합 • 장식용 구운 베이컨

브런치 카페에 가면 빠지지 않는 메뉴 중 하나가 프렌치 토스트입니다. 막 구워낸 프렌치 토스트에 메이플 시럽을 듬뿍 뿌려 먹으면 부드럽고 달콤한 그 맛에 누구든 홀딱 반하고 맙니다. 커피 한잔과 함께 먹으면 든든한 아침 식사가 되고요.

베이컨을 곁들인 프렌치 토스트 컵케이크는 베이컨과 프렌치 토스트를 좋아한다면 꼭 한번 만들어봐야 할 컵케이크입니다. 컵케이크가 완전히 식기 전에 포크로 작은 구멍을 뚫어서 안에 메이플 시럽을 듬뿍 넣어주는 것이 맛의 포인트입니다. 메이플 시럽이 컵케이크에 스며들어서 케이크를 더욱 촉촉하고 부드럽게 만들어주거든요.

1 오븐을 180도로 예열하고 컵케이크 틀에 주름 컵을 끼워 준비합니다.

2 버터를 부드럽게 풀어준 후 설탕을 조금씩 넣어가며 섞습니다. 설탕을 다 넣었으면 속도를 높여 충분히 섞어주세요. 2~3분 가량 섞어주면 버터의 색이 옅어지면서 풍성해집니다. 여기에 계란 노른자를 하나씩 넣으면서 섞어주세요.

3 밀가루, 베이킹파우더, 소금, 시나몬가루를 함께 계량해 체에 치고, 우유와 바닐라 엑기스도 함께 계량해둡니다. 2의 반죽에 계량해둔 재료를 넣습니다. 가루 재료는 3번에 나누어서 넣고, 우유 재료는 2번에 나누어서 번갈아 가면서 섞습니다. 고무주걱을 이용해 가볍게 섞으면 더욱 좋고, 핸드믹서를 이용한다면 속도를 줄여서 섞어주세요. 재료를 다 넣었으면 속도를 조금 높여서 반죽을 매끄럽게 만들어줍니다.

4 계란 흰자를 빠르게 섞어 머랭을 만들어줍니다.

5 머랭은 3번에 나누어 미리 만들어놓은 반죽에 넣어 가볍게 섞어주세요. 너무 오래 힘을 주어 섞으면 애써 만들어놓은 머랭이 가라앉을 수 있으니 가볍게 섞도록 합니다. 팬에 고르게 담아서 오븐에서 25분 정도 굽습니다.

6 컵케이크가 완전히 식기 전에 포크나 이쑤시개로 구멍을 내고 메이플 시럽을 넣어 컵케이크를 적셔줍니다.

**메이플 크림치즈** 오리지널 크림치즈 1배합(35p 참고) • 메이플 시럽 적당량

오리지널 크림치즈에 메이플 시럽을 2큰술 정도 넣어 맛을 내주세요. 메이플 시럽은 수분이 많아서 너무 많이 넣으면 크림이 흘러내릴 수 있으니 주의해주세요.

# 몽블랑 컵케이크

몽블랑은 달콤한 밤 퓌레에 바닐라 향을 가미한 디저트입니다. 바닐라 컵케이크 위에 마롱 페이스트로 만든 마롱 버터크림을 올려서 전통적인 몽블랑 컵케이크를 만들어보았습니다. 입안 가득 퍼지는 고소한 밤의 맛이 자꾸만 생각나서 계속 만들게 되는 컵케이크예요.

밀가루 박력분 180g • 버터 120g • 계란 2개 • 설탕 190g • 베이킹파우더 6g • 소금 2g
우유 125g • 바닐라 엑기스 1작은술 • 바닐라 빈 1/3개
**프로스팅** 마롱 버터크림 1배합 • 슈거파우더 약간

1. 오븐을 180도로 예열하고 컵케이크 틀에 주름 컵을 끼워 준비합니다.

2. 실온에 꺼내두어 말랑말랑해진 버터를 믹서로 풀어준 후 설탕을 조금씩 넣어가며 부드럽게 크림형태로 만들어줍니다. 반죽이 충분히 부드러워졌으면 계란을 하나씩 넣어 섞어주세요. 분리되지 않도록 빠른 속도로 잘 섞어줍니다.

3. 밀가루, 베이킹파우더, 소금을 함께 체에 쳐서 준비하고, 우유와 바닐라 엑기스도 함께 계량해주세요. 2의 반죽에 가루 재료와 우유 재료를 번갈아 가면서 섞어줍니다. 가루 재료는 1/3씩 나누어서 넣고, 우유 재료는 1/2씩 나누어서 섞어주세요. 마지막으로 바닐라 빈 줄기를 반으로 갈라서 안쪽의 바닐라 빈을 칼등으로 긁어낸 다음 반죽에 넣어 휘휘 섞어주세요. 반죽을 스푼이나 짤주머니를 이용해서 컵케이크 컵 안에 2/3씩 담아줍니다.

4. 예열된 오븐에 넣고 20~23분 정도 구운 후 이쑤시개로 찔러보아 아무것도 묻어나지 않으면 꺼내주세요. 10분간 그대로 두었다가 틀에서 꺼내 식힘 망 위에서 충분히 식힙니다.

5. 컵케이크 가운데를 깊이 파내주세요. 마롱 버터크림으로 컵케이크 속을 가득 채우고 컵케이크 위에도 마롱 버터크림을 올려줍니다. 몽블랑 특유의 모양을 내기 위해서는 스패튤러 대신 모양 깍지를 끼운 짤주머니를 사용하는 것이 좋습니다.

6. 슈거파우더를 살짝 뿌려내면 눈이 내린 몽블랑 컵케이크가 완성됩니다.

**마롱 버터크림** 버터 110g • 마롱 페이스트 180g • 슈거파우더 100g • 우유 적당량
믹싱 볼에 버터와 마롱 페이스트를 넣고 부드럽게 풀어주세요. 마롱 페이스트가 달기 때문에 슈거파우더는 너무 많이 넣지 않도록 합니다. 슈거파우더를 조금씩 섞어주고 우유로 농도를 조절합니다.

# 초콜릿 피넛 버터 캐러멜 커피

*chocolate*

*peanut butter*

*caramel*

*coffee*

# 다크초콜릿 가나슈 컵케이크

밀가루 박력분 65g • 초콜릿 85g • 버터 160g • 설탕 150g • 계란 3개
코코아파우더 15g • 베이킹파우더 4g • 바닐라 엑기스 1작은술 • 소금 약간
**프로스팅** 다크초콜릿 가나슈 1배합(34p 참고) • 스프링클 약간

1 오븐을 180도로 예열해두고 컵케이크 틀에 주름 컵을 끼워 준비합니다.

2 버터와 초콜릿을 중탕으로 녹여서 설탕을 넣고 잘 섞어준 다음 미지근하게 식혀줍니다. 계란이 익지 않을 정도까지만 식혀주면 됩니다. 여기에 계란을 하나씩 넣으면서 거품기로 섞어주세요. 계란 한 개당 30초 정도씩 섞어주면 됩니다. 바닐라 엑기스를 넣고 마무리한 후, 미리 계량해서 체에 쳐둔 밀가루, 베이킹파우더, 소금, 코코아파우더를 반죽에 넣고 고무주걱으로 가볍게 섞어주세요. 가루가 안 보일 정도로만 섞으면 됩니다.

3 반죽을 스푼이나 짤주머니를 이용해서 컵케이크 컵에 2/3 정도 담고 오븐에 넣어 18~22분 정도 굽습니다. 다 구워진 컵케이크는 오븐에서 꺼내서 10분 정도 그대로 틀에 두었다가 식힘망 위에 꺼내놓고 완전히 식혀줍니다.

4 미리 만들어 굳힌 다크초콜릿 가나슈 프로스팅을 올리고 원하는 스프링클로 장식해줍니다.

컵케이크 가게를 시작할 때 가장 공을 들여서 만든 컵케이크는 초콜릿 컵케이크입니다. 코코아파우더를 넣어 맛을 낸 가벼운 케이크가 아닌, 초콜릿을 듬뿍 넣어 구운 진한 초콜릿 케이크를 만들고 싶었기 때문이에요. 이샘 컵케이크의 초콜릿 컵케이크는 프랑스 최고의 제과용 초콜릿 중에서도 카카오가 70% 함유된 초콜릿으로 만듭니다. 꼭 카카오가 70% 함유된 초콜릿을 써야 하는 것은 아니지만, 카카오 함유량에 따라 초콜릿의 맛이 다르기 때문에 여러 가지를 사용해보고 가장 입맛에 맞는 것을 고르는 것이 좋습니다. 카카오가 70% 함유된 초콜릿은 약간 신맛이 강한 편이고, 카카오 함유량이 적어질수록 부드러운 맛이 납니다.

# 라즈베리 초콜릿 컵케이크

다크초콜릿 가나슈 컵케이크에 새콤한 라즈베리를 넣어 색다른 초콜릿 컵케이크를 만들어보았습니다. 라즈베리는 다른 베리류에 비해 새콤한 맛이 강해서 쌉싸름한 초콜릿과 함께 먹어도 본연의 맛을 잃지 않아요. 초콜릿과 잘 어울리는 과일 중 하나입니다. 컵케이크 속뿐 아니라 라즈베리 속도 가나슈로 채워준 재미있는 컵케이크를 만들어보세요.

밀가루 박력분 65g • 초콜릿 85g • 버터 160g • 설탕 150g • 계란 3개
코코아파우더 15g • 베이킹파우더 4g • 바닐라 엑기스 1작은술 • 소금 약간
**프로스팅** 다크초콜릿 가나슈 1배합(34p 참고) • 라즈베리 24개

1. 오븐을 180도로 예열해두고 컵케이크 틀에 주름 컵을 끼워 준비합니다.

2. 버터와 초콜릿을 중탕으로 녹여서 설탕을 넣고 잘 섞어준 다음 미지근하게 식혀줍니다. 계란이 익지 않을 정도까지만 식혀주면 됩니다. 여기에 계란을 하나씩 넣으면서 거품기로 섞어주세요. 계란 한 개당 30초 정도씩 섞어주면 됩니다. 바닐라 엑기스를 넣고 마무리한 후, 미리 계량해서 체에 쳐둔 밀가루, 베이킹파우더, 소금, 코코아파우더를 반죽에 넣고 고무주걱으로 가볍게 섞어주세요. 가루가 안 보일 정도로만 섞으면 됩니다.

3. 반죽을 스푼이나 짤주머니를 이용해서 컵케이크 컵에 2/3 정도 담고 오븐에 넣어 18~22분 정도 굽습니다. 다 구워진 컵케이크는 오븐에서 꺼내서 10분 정도 그대로 틀에 두었다가 식힘망 위에 꺼내놓고 완전히 식혀줍니다.

4. 완전히 식은 다크초콜릿 컵케이크의 가운데를 파내고 가나슈로 속을 채웁니다. 라즈베리 속도 가나슈로 채워주세요.

5. 라즈베리를 컵케이크 속에 넣고 잘라낸 케이크를 덮어줍니다. 컵케이크 위에 미리 조금 굳혀둔 가나슈를 한 겹 바르고 장식용으로 준비해둔 라즈베리를 올려주세요.

# 모카치노 컵케이크

밀가루 박력분 65g • 초콜릿 85g • 버터 160g • 설탕 150g • 계란 3개
코코아파우더 15g • 베이킹파우더 4g • 바닐라 엑기스 1작은술 • 소금 약간
**프로스팅** 에스프레소 크림치즈 1배합 • 장식용 초콜릿 드리즐이나 초콜릿 칩

1  오븐을 180도로 예열해두고 컵케이크 틀에 주름 컵을 끼워 준비합니다.

2  버터와 초콜릿을 중탕으로 녹여서 설탕을 넣고 잘 섞어준 다음 미지근하게 식혀줍니다. 계란이 익지 않을 정도까지만 식혀주면 됩니다. 여기에 계란을 하나씩 넣으면서 거품기로 섞어주세요. 계란 한 개당 30초 정도씩 섞어주면 됩니다. 바닐라 엑기스를 넣고 마무리한 후, 미리 계량해서 체에 쳐둔 밀가루, 베이킹파우더, 소금, 코코아파우더를 반죽에 넣고 고무주걱으로 가볍게 섞어주세요. 가루가 안 보일 정도로만 섞으면 됩니다.

3  반죽을 스푼이나 짤주머니를 이용해서 컵케이크 컵에 2/3 정도 담고 오븐에 넣어 18~22분 정도 굽습니다. 다 구워진 컵케이크는 오븐에서 꺼내서 10분 정도 그대로 틀에 두었다가 식힘망 위에 꺼내놓고 완전히 식혀줍니다.

4  완전히 식은 컵케이크의 위쪽을 동그랗게 잘라냅니다. 에스프레소 크림치즈를 넉넉하게 컵케이크 위에 올려서 파낸 컵케이크 속에도 크림이 가득 차도록 풍성하게 발라 준비합니다.

5  초콜릿 드리즐이나 초콜릿 칩 등을 이용해 장식해주세요.

**에스프레소 크림치즈** 오리지널 크림치즈 1배합(35p 참고) • 에스프레소 엑기스 약간

에스프레소 버터크림은 직접 추출한 에스프레소 샷을 이용해 만들어도 되지만, 크림치즈의 경우는 수분이 많기 때문에 에스프레소 샷보다는 수분이 적은 에스프레소 엑기스를 사용해서 만드는 것이 좋습니다. 에스프레소 엑기스는 조금 비싸더라도 좋은 재료를 선택해야 고급스러운 커피의 맛과 향을 낼 수 있습니다.

평소에는 심플한 아메리카노를 마시는 편이지만, 새로운 카페에 놀러 가면 종종 카푸치노를 마시곤 합니다. 카푸치노라는 이름이 예쁘고 풍성한 거품이 잔뜩 올려진 모양도 좋아하거든요. 카푸치노 커피를 상상하면서 초콜릿 컵케이크 위에 에스프레소 크림치즈를 올리고 잘게 간 초콜릿으로 장식한 컵케이크를 만들어보았습니다. 그런데 실제로 먹어보니 카푸치노보다는 모카 커피의 맛이 나네요. 모카 컵케이크라고 부르기엔 어쩐지 아쉬워서 모카치노라는 이름을 지어보았습니다.

# 오리엔탈 초콜릿 컵케이크

다크초콜릿 컵케이크 안에 그린티 가나슈를 넣고 그린티 크림치즈를 올리면 가볍게 녹차와 초콜릿을 함께 즐길 수 있습니다. 너무 달지도, 너무 씁쓸하지도 않은 딱 균형 잡힌 녹차 초콜릿 컵케이크를 만들어볼까요?

밀가루 박력분 65g • 초콜릿 85g • 버터 160g • 설탕 150g • 계란 3개
코코아파우더 15g • 베이킹파우더 4g • 바닐라 엑기스 1작은술 • 소금 약간
**프로스팅** 그린티 크림치즈 1배합 • 그린티 가나슈 1배합 • 초콜릿 칩 약간

1. 오븐을 180도로 예열해두고 컵케이크 틀에 주름 컵을 끼워 준비합니다.
2. 버터와 초콜릿을 중탕으로 녹여서 설탕을 넣고 잘 섞어준 다음 미지근하게 식혀줍니다. 계란이 익지 않을 정도까지만 식혀주면 됩니다. 여기에 계란을 하나씩 넣으면서 거품기로 섞어주세요. 계란 한 개당 30초 정도씩 섞어주면 됩니다. 바닐라 엑기스를 넣고 마무리한 후, 미리 계량해서 체에 쳐둔 밀가루, 베이킹파우더, 소금, 코코아파우더를 반죽에 넣고 고무주걱으로 가볍게 섞어주세요. 가루가 안 보일 정도로만 섞으면 됩니다.
3. 반죽을 스푼이나 짤주머니를 이용해서 컵케이크 컵에 2/3씩 담고 오븐에 넣어 18~22분 정도 굽습니다. 다 구워진 컵케이크는 오븐에서 꺼내서 10분 정도 그대로 틀에 두었다가 식힘 망 위에 꺼내놓고 완전히 식혀줍니다.
4. 완전히 식은 초콜릿 컵케이크 위쪽을 동그랗게 잘라내고 미리 만들어둔 그린티 가나슈를 케이크 속에 넣어 채워줍니다. 컵케이크 조각으로 위를 덮고 그린티 크림치즈를 올린 후 초콜릿 칩을 뿌려 완성합니다.

**그린티 가나슈** 화이트초콜릿 커버춰 110g • 생크림 120g • 녹차가루 6g
생크림 2큰술에 녹차가루를 풀어서 부드럽게 만들어주세요. 나머지 생크림을 냄비에 붓고 중불에서 끓여줍니다. 기포가 올라오기 시작하면 바로 불에서 내려 화이트초콜릿 위에 부어주세요. 화이트초콜릿이 잘 녹도록 저어주고 마지막에 풀어둔 녹차가루를 넣어서 섞어주면 그린티 가나슈가 완성됩니다.

**그린티 크림치즈** 오리지널 크림치즈 1배합(35p 참고) • 녹차가루 2큰술
오리지널 크림치즈에 녹차가루를 넣어 잘 섞어줍니다.

# 민트 초콜릿 컵케이크



식사 후에 민트 초콜릿 한 조각을 입에 넣고 오물거리면 입안이 달콤하면서 개운해집니다. 그 기억을 떠올리며 민트 초콜릿 컵케이크를 만들어보았어요. 민트의 싸한 향과 다크초콜릿의 묵직하면서도 달콤한 맛이 잘 어울려서 최고의 궁합을 자랑합니다. 국내에서는 민트 엑기스를 구하기가 쉽지 않고, 민트 오일을 식용으로 쓰기에는 조금 불안해서 대신 민트 잎을 직접 우려내어 만들어보았습니다. 민트 엑기스를 사용한 것보다 훨씬 은은한 민트 향을 느낄 수 있고 맛도 더 좋습니다.

밀가루 박력분 150g • 코코아파우더 42g • 미지근한 물 90g • 베이킹소다 2g • 베이킹파우더 2g • 소금 2g
버터 165g • 설탕 210g • 계란 3개 • 바닐라 엑기스 2작은술 • 사워크림 60g
**프로스팅** 민트 초콜릿 가나슈 1배합 • 민트 버터크림 1배합 • 민트 사탕

1. 오븐을 180도로 예열하고 컵케이크 틀에 주름 컵을 끼워 준비합니다.

2. 작은 볼에 미지근한 물을 계량하고 코코아파우더를 넣어 부드럽게 섞습니다. 중간 크기의 볼에 밀가루, 베이킹소다, 베이킹파우더, 소금을 계량하고 체를 쳐서 준비합니다.

3. 버터와 설탕을 냄비에 계량하고 버터가 완전히 녹을 때까지 중불에서 끓여주세요. 불에서 내리고 볼에 옮겨 담습니다. 4~5분간 중간 속도로 섞어서 완전히 식혀준 후 계란을 하나씩 넣어 섞습니다. 바닐라 엑기스와 미리 물과 섞어둔 코코아파우더를 넣고 충분히 섞어주세요. 믹서의 속도를 줄이고 가루 재료를 2번에 나누어 섞어줍니다. 가루 재료 사이에 사워크림도 함께 섞어주세요.

4. 완성된 반죽을 컵케이크 컵에 나누어 담고 오븐에서 18~20분 정도 굽습니다. 컵케이크가 구워지는 동안 가나슈를 만들어 굳혀둡니다.

5. 완전히 식은 컵케이크 위를 콘 모양으로 도려내주세요. 민트 초콜릿 가나슈를 한 스푼 넣고 잘라낸 컵케이크 조각으로 덮어줍니다. 여기에 민트 버터크림을 올리고 민트 사탕으로 장식해주세요.

**민트 초콜릿 가나슈** 초콜릿 110g • 생크림 120g • 버터 20g • 민트 잎 약간

생크림에 민트 잎을 넣고 기포가 올라올 정도로 끓여준 후 초콜릿을 부어 녹여줍니다. 버터를 넣어 함께 녹인 후 굳혀서 사용합니다.

**민트 버터크림** 버터 110g • 슈거파우더 300g • 민트차를 우려낸 우유 적당량

볼에 버터를 넣고 부드럽게 풀어준 후 슈가파우더를 조금씩 넣으면서 섞어주세요. 민트차를 우려낸 우유로 농도를 조절해줍니다.

# 트리플 초콜릿 마블 컵케이크

**화이트초콜릿 컵케이크** 밀가루 박력분 70g • 베이킹파우더 3g • 소금 1g • 버터 50g • 설탕 70g
계란 흰자 1개 • 바닐라 엑기스 1작은술 • 화이트초콜릿 50g • 우유 31g • 사워크림 15g • 미지근한 물 28g
**밀크초콜릿 컵케이크** 밀가루 박력분 70g • 코코아가루 13g • 베이킹파우더 3g • 소금 1g • 버터 50g  설 탕
70g • 계란 흰자 1개 • 바닐라 엑기스 1작은술 • 밀크초콜릿 50g • 우유 31g • 사워크림 15g        미 지
근한 물 28g • 다크초콜릿 가나슈 1배합
**프로스팅** 다크초콜릿 크림치즈 1배합

1 오븐을 180도로 예열하고 컵케이크 틀에 주름 컵을 끼워 준비합니다.

2 화이트초콜릿 컵케이크와 밀크초콜릿 컵케이크는 다음과 같은 순서로 만들면 됩니다. 먼저 화
  이트초콜릿 반죽을 만듭니다. 밀가루, 베이킹파우더, 소금을 체에 쳐서 준비합니다. 우유와 사
  워크림도 함께 계량해둡니다. 초콜릿은 중탕으로 녹입니다.

3 버터에 설탕을 조금씩 넣으면서 부드럽게 크림상태로 만들어준 후 계란 흰자를 조금씩 넣어가
  며 충분히 섞어줍니다. 바닐라 엑기스도 넣어 섞습니다. 믹서의 속도를 중간으로 두고 녹인 초
  콜릿을 섞어줍니다. 여기에 가루 재료와 우유 재료를 번갈아 가면서 섞어주세요. 마지막으로
  미지근한 물을 넣고 충분히 섞습니다. 첫번째 반죽을 여기까지 작업해둔 다음 밀크초콜릿 반
  죽을 시작하세요. 만드는 방법은 같고 코코아가루가 추가로 들어갑니다.

4 두 개의 반죽이 준비되면 컵케이크 컵 안에 화이트초콜릿 반죽을 반쯤 넣고 밀크초콜릿 반죽
  도 반을 넣어줍니다. 이쑤시개를 이용해 반죽을 섞어주세요. 너무 많이 휘저으면 반죽이 완전
  히 섞여버려서 마블링 효과가 떨어지니 살짝만 섞어줍니다.

5 오븐에서 18~20분 정도 구워준 후 완전히 식히고 케이크 속을 파내어 다크초콜릿 가나슈를
  채워줍니다. 다크초콜릿 크림치즈 프로스팅을 얹어 마무리하세요.


**다크초콜릿 크림치즈** 오리지널 크림치즈 1배합(35p 참고) • 다크초콜릿 커버춰 80g

오리지널 크림치즈에 다크초콜릿 커버춰를 녹여서 섞어주세요. 초콜릿은 식힌 후에 사용해야 크림이 너무 무르지 않습니다.

어느 날 문득 다크초콜릿과 화이트초콜릿, 밀크초콜릿을 모두 넣어서 컵케이크를 구워보면 어떨까라는 생각을 했습니다. 초콜릿을 정말 좋아하는 사람들에게 안성맞춤인 컵케이크가 완성될 것 같았거든요. 우선 화이트초콜릿 케이크 반죽과 밀크초콜릿 케이크 반죽을 각각 만들어 섞어서 마블 케이크를 굽고 여기에 다크초콜릿 가나슈를 채웁니다. 마무리로 다크초콜릿 크림치즈를 얹어주면 환상적인 트리플 초콜릿 컵케이크가 완성됩니다.
트리플 초콜릿 마블 컵케이크는 조금 손이 많이 가지만, 매우 특별한 컵케이크이니 꼭 한번쯤 만들어보세요.

# 클래식 초콜릿 컵케이크



더욱 촉촉한 초콜릿 컵케이크를 맛보고 싶다면, 클래식 초콜릿 컵케이크를 구워보면 어떨까요? 늘 강조하지만, 좋은 품질의 코코아파우더를 사용해야 맛있는 컵케이크를 만들 수 있습니다. 일반 슈퍼마켓에서 판매하는 코코아파우더가 아닌 당분이 전혀 들어있지 않은 제과용 코코아파우더를 사용해주세요. 물론 그중에서도 고급 브랜드의 제품을 사용하면 더욱 맛이 훌륭해집니다.

밀가루 박력분 75g • 버터 110g • 설탕 240g • 계란 2개 • 베이킹파우더 6g • 소금 2g
코코아파우더 55g • 우유 125g • 바닐라 엑기스 1작은술
**프로스팅** 클래식 초콜릿 버터크림 1배합

1. 오븐을 180도로 예열하고 컵케이크 틀에 주름 컵을 끼워 준비합니다. 밀가루, 코코아파우더, 소금, 베이킹파우더는 한 볼에 계량해 체에 쳐두고, 우유와 바닐라 엑기스도 함께 계량해둡니다.
2. 버터를 부드럽게 풀어준 후 설탕을 조금씩 넣으면서 섞어주세요. 설탕을 다 넣은 후에는 3분 이상 오래 섞어줍니다. 계란을 하나씩 넣으면서 풀어주고, 계량해놓은 가루 재료와 우유 재료를 번갈아 넣으면서 가볍게 섞어주세요. 가루 재료는 3번에 나누어서 넣고, 우유 재료는 2번에 나누어서 섞습니다. 마무리는 반드시 가루 재료로 하세요.
3. 컵에 반죽을 2/3 정도 채워 오븐에서 20~22분 정도 굽습니다.
4. 컵케이크가 구워지는 동안 클래식 초콜릿 버터크림을 만들어서 완전히 식은 컵케이크 위에 얹어줍니다.

**클래식 초콜릿 버터크림** 버터 110g • 코코아파우더 80g • 슈거파우더 300g • 우유 적당량 • 바닐라 엑기스 1작은술
버터와 코코아파우더를 볼에 넣고 부드럽게 풀어준 후 슈거파우더를 조금씩 넣으면서 섞습니다. 바닐라 엑기스를 넣고 우유를 조금씩 부으면서 농도를 조절해주세요. 오래 섞을수록 크림이 부드러워집니다.

# 오레오 크림 컵케이크

밀가루 박력분 75g • 버터 110g • 설탕 240g • 계란 2개 • 베이킹파우더 6g • 소금 2g
코코아파우더 55g • 우유 125g • 바닐라 엑기스 1작은술
**프로스팅** 바닐라 버터크림 1배합(34p 참고) • 크림용 오레오 쿠키 12개 • 장식용 오레오 쿠키 12개

1  오븐을 180도로 예열하고 컵케이크 틀에 주름 컵을 끼워 준비합니다. 밀가루, 코코아파우더, 소금, 베이킹파우더는 계량해서 체에 쳐두고, 우유와 바닐라 엑기스도 함께 계량해둡니다.

2  버터를 부드럽게 풀어준 후 설탕을 조금씩 넣으면서 섞어주세요. 설탕을 다 넣고 3분 이상 섞어줍니다. 여기에 계란을 하나씩 넣으면서 풀어주고 계량해놓은 가루 재료와 우유 재료를 번갈아 넣으면서 가볍게 섞어주세요. 가루 재료는 3번에 나누어서 넣고, 우유 재료는 2번에 나누어서 섞습니다. 마무리는 반드시 가루 재료로 하세요.

3  컵에 반죽을 2/3 정도 채워서 오븐에서 20~22분 정도 굽습니다.

4  오레오 쿠키를 믹서에 넣고 갈아주세요. 쿠키 사이에 있는 크림은 없애고 쿠키만 갈아야 합니다. 바닐라 버터크림에 쿠키를 넣고 고무주걱으로 섞어주세요. 크림이 조금 뻑뻑해지면 우유를 한 스푼 넣어 부드럽게 만들어줍니다.

5  완전히 식은 클래식 초콜릿 컵케이크 위에 오레오가 들어간 바닐라 버터크림을 올리고 오레오 쿠키로 장식하세요.

## Note

클래식 초콜릿 컵케이크 대신 바닐라 컵케이크로 반죽을 만들고 믹서에 간 오레오 쿠키를 반죽에 섞어서 구운 후 오레오 버터크림을 만들어 올려도 좋습니다.

촉촉한 클래식 초콜릿 컵케이크와 오레오가 듬뿍 들어간 바닐라 버터크림이 입안에서 사르르 녹는 컵케이크입니다. 혹시 너무 달다고 느껴지면 우유 한 잔을 함께 곁들여도 좋겠죠?

# 헤이즐넛 초콜릿 컵케이크

콜래식 초콜릿 컵케이크에 헤이즐넛 향을 살짝 가미해주면 좀더 고소하고 고급스러운 컵케이크를 만들 수 있습니다. 헤이즐넛은 독일이나 스위스 같은 유럽 국가에서는 제과 제품에 거의 빠지지 않고 들어가는 견과류예요. 아몬드나 호두 대신 헤이즐넛을 넣어 케이크를 구우면 색다른 고소함을 맛볼 수 있습니다. 평소에 헤이즐넛이 들어간 초콜릿을 좋아했다면 이 컵케이크도 분명 사랑할 수 밖에 없을 거예요. 헤이즐넛 스프레드를 직접 만들어서 케이크를 구우면 더욱 풍미가 좋겠지만, 간편하게 시중에서 구할 수 있는 헤이즐넛 스프레드인 누텔라를 사용해도 됩니다.

밀가루 박력분 75g • 버터 110g • 설탕 240g • 계란 2개 • 베이킹파우더 6g • 소금 2g • 코코아파우더 55g • 우유 125g • 바닐라 엑기스 1작은술 • 구운 헤이즐넛 30g • 프랑젤리코 리큐르(헤이즐넛 리큐르) 1작은술
**프로스팅** 누텔라 버터크림 1배합 • 장식용 헤이즐넛 초콜릿 12개

1  오븐을 180도로 예열하고 컵케이크 틀에 주름 컵을 끼워 준비합니다. 밀가루, 코코아파우더, 소금, 베이킹파우더는 계량해서 체에 쳐두고 우유와 프랑젤리코 리큐르도 함께 계량해둡니다.

2  버터를 부드럽게 풀어준 후 설탕을 조금씩 넣으면서 섞어주세요. 설탕과 버터를 잘 섞어서 충분히 공기가 들어가게 해야 부드럽고 폭신폭신한 컵케이크를 만들 수 있습니다. 계란을 하나씩 넣으면서 풀어주고 계량해놓은 가루 재료와 우유 재료를 번갈아 넣으면서 가볍게 섞어주세요. 가루 재료는 3번에 나누어서 넣고, 우유 재료는 2번에 나누어서 섞습니다. 마무리는 반드시 가루 재료로 하세요. 마지막으로 오븐에 살짝 구워낸 후 잘게 부순 헤이즐넛을 넣고 가볍게 반죽을 마무리합니다.

3  컵케이크 컵에 담아 오븐에서 20~22분 정도 구워 내고 충분히 식혀주세요. 여기에 누텔라 버터크림 프로스팅을 올리고 헤이즐넛 초콜릿을 얹어 장식해주세요.

**누텔라 버터크림** 누텔라 80g • 버터 80g • 슈거파우더 200g • 우유 약간 • 바닐라 엑기스 1작은술
버터와 누텔라를 믹서에서 중간 속도로 부드럽게 풀어준 후 슈거파우더를 조금씩 넣으면서 부드럽게 섞어주세요. 바닐라 엑기스를 넣어 섞고 우유를 조금씩 넣으면서 농도를 조절합니다. 속도를 올려 충분히 부드러워질 때까지 섞어주세요.
다크초콜릿 버터크림에 헤이즐넛 리큐르를 넣어 헤이즐넛 버터크림을 만들어 사용해도 좋습니다.

# 에스프레소 컵케이크

에스프레소 컵케이크를 만들어 판매하면서 컵케이크도 이름이 참 중요하다는 것을 새삼 느끼게 됐어요. 처음에 이 컵케이크의 이름은 커피 컵케이크였답니다. 그런데 평범한 이름 때문인지 손님들이 큰 매력을 느끼지 못하는 것 같았어요. 그래서 이름을 에스프레소 컵케이크로 바꾸어보았더니 곧 반응이 오기 시작했어요.

이 컵케이크는 인스턴트 커피를 뜨거운 물에 녹여서 만들어도 되지만, 에스프레소를 추출해서 컵케이크를 만들면 굽는 과정에서 맛과 향이 사라지지 않기 때문에 진한 커피의 맛을 낼 수 있어요. 에스프레소가루를 같이 넣어주면 더 좋습니다.

밀가루 220g • 버터 110g • 설탕 200g • 우유 65g • 에스프레소 65g • 계란 2개
베이킹파우더 6g • 소금 2g • 에스프레소가루 6g
**프로스팅** 에스프레소 버터크림 1배합 • 커피 모양 초콜릿 약간

1. 오븐을 180도로 예열하고 컵케이크 틀에 주름 컵을 끼워 준비합니다.

2. 실온에서 꺼내두어 말랑말랑해진 버터를 부드럽게 풀어준 후 설탕을 조금씩 넣으면서 크림상태로 만들어줍니다. 계란을 하나씩 넣으면서 버터와 수분이 분리되지 않도록 빠르게 섞습니다. 함께 체에 쳐둔 밀가루, 베이킹파우더, 소금, 에스프레소가루와 같이 계량해둔 우유와 에스프레소를 번갈아 가면서 반죽에 섞습니다. 마무리는 반드시 가루 재료로 해주세요.

3. 반죽을 짤주머니나 스푼을 이용해서 컵케이크 컵에 2/3 가량 채운 후 오븐에 넣어 20~22분 정도 굽습니다. 오븐에서 꺼낸 컵케이크는 틀에서 10분 정도 식힌 후에 꺼내서 식힘 망 위에 올리고 완전히 식혀주세요.

4. 에스프레소 버터크림을 올리고 커피 모양 초콜릿으로 장식해줍니다.

**에스프레소 버터크림** 버터 110g • 슈거파우더 300g • 에스프레소 샷 약간
버터를 부드럽게 풀어준 후 슈거파우더를 조금씩 넣으면서 충분히 섞어주세요. 에스프레소 샷을 한 스푼씩 넣으면서 농도와 맛을 조절합니다.

# 모카 컵케이크



에스프레소 샷과 초콜릿을 함께 넣어 구우면 모카 커피의 맛이 나는 모카 컵케이크를 만들 수 있습니다. 간단히 에스프레소 컵케이크 1배합에 클래식 초콜릿 버터크림을 올리는 것으로도 또 다른 스타일의 모카 컵케이크를 만들 수 있으니 다양하게 응용해보세요.

밀가루 박력분 150g • 버터 150g • 설탕 200g • 계란 2개 • 코코아파우더 40g • 베이킹파우더 6g • 소금 2g • 우유 120g • 에스프레소 60g • 바닐라 엑기스 1작은술
**프로스팅** 에스프레소 버터크림 1배합(91p 참고) • 초콜릿 소스 약간(47p 참고) • 장식용 초콜릿

1. 오븐을 180도로 예열하고 컵케이크 틀에 주름 컵을 끼워 준비합니다.

2. 밀가루, 코코아파우더, 베이킹파우더, 소금을 함께 계량해 체에 쳐두고 우유와 에스프레소, 바닐라 엑기스도 한 컵에 같이 계량해두세요.

3. 실온에 꺼내두어 말랑말랑해진 버터를 볼에 담고 부드럽게 풀어준 후 설탕을 조금씩 넣으면서 크림상태로 만들어줍니다. 설탕을 다 넣고 3분 이상 섞어서 부드럽게 만들어주고 계란을 하나씩 넣어가며 섞어주세요. 분리되지 않도록 잘 섞고 가루 재료와 우유 재료를 번갈아 가면서 섞어줍니다. 가루 재료는 3번에 나누어서 넣고, 우유 재료는 2번에 나누어서 섞어줍니다. 마무리는 반드시 가루 재료로 해주세요.

4. 반죽을 컵케이크 컵에 2/3 정도 넣은 후 오븐에서 20~22분 정도 구워냅니다. 이쑤시개로 찔러보아 아무것도 묻어나지 않으면 다 구워진 것입니다.

5. 완전히 식은 컵케이크 위에 에스프레소 버터크림 프로스팅을 올리고 초콜릿 소스와 초콜릿으로 장식합니다.

# 화이트초콜릿 모카 컵케이크

밀가루 박력분 150g • 버터 150g • 설탕 200g • 계란 2개 • 코코아가루 40g • 베이킹파우더 6g • 소금 2g
우유 120g • 에스프레소 60g • 바닐라 엑기스 1작은술 • 커피 초콜릿 가나슈 필링 1배합
**프로스팅** 화이트초콜릿 버터크림 1배합

1  오븐을 180도로 예열하고 컵케이크 틀에 주름 컵을 끼워 준비합니다.

2  밀가루, 코코아가루, 베이킹파우더, 소금을 함께 계량해서 체에 쳐두고, 우유와 에스프레소, 바닐라 엑기스도 한 컵에 같이 계량해두세요.

3  실온에 꺼내두어 말랑말랑해진 버터를 볼에 담고 부드럽게 풀어준 후 설탕을 조금씩 넣으면서 크림상태로 만들어줍니다. 설탕을 다 넣었으면 3분 이상 섞어서 부드럽게 만들어주고 계란을 하나씩 넣어가며 섞어주세요. 분리되지 않도록 잘 섞고 가루 재료와 우유 재료를 번갈아 가면서 섞어줍니다. 가루 재료는 3번에 나누어서 넣고, 우유 재료는 2번에 나누어서 섞어줍니다. 마무리는 반드시 가루 재료로 해주세요.

4  반죽을 컵케이크 컵에 2/3 정도 넣은 후 오븐에서 20~22분 정도 구워냅니다. 컵케이크를 오븐에 굽는 동안 커피 맛을 더욱 진하게 해줄 커피 초콜릿 가나슈 필링을 준비합니다. 완전히 식힌 컵케이크의 가운데를 파내고 커피 초콜릿 가나슈 필링을 채운 후 화이트초콜릿 버터크림을 올려 마무리합니다.

**커피 초콜릿 가나슈 필링** 초콜릿 110g • 생크림 80g • 에스프레소 20g • 버터 10g

생크림을 불에 올려서 기포가 올라오기 직전까지 끓여준 다음 초콜릿에 붓고 녹입니다. 버터와 에스프레소 샷을 넣고 섞은 후 완전히 식혀서 굳혀주세요.

**화이트초콜릿 버터크림** 버터 110g • 화이트 초콜릿 50g • 슈거파우더 200g • 우유 적당량

실온에 두어 말랑말랑해진 버터를 부드럽게 풀어준 후 슈가파우더를 조금씩 넣으면서 크림상태로 만들어줍니다. 충분히 섞어 부드럽고 풍성해진 버터크림에 중탕으로 녹여서 식힌 화이트초콜릿을 넣고 섞어주세요. 우유를 조금씩 넣어가며 농도를 조절합니다.

평소에는 별 생각이 없다가도 겨울이 되고 눈이 오면 프랜차이즈 커피 전문점의 화이트초콜릿 모카 커피가 마시고 싶어집니다. 이름 때문인지, 아니면 달콤하고 부드러운 커피의 맛 때문인지는 모르겠지만 겨울에 정말 잘 어울리는 메뉴인 것 같아요. 화이트초콜릿 모카 커피의 맛을 떠올리며 화이트 초콜릿 모카 컵케이크를 만들어보았습니다.

# 녹차 초콜릿 마블 컵케이크

녹차 초콜릿 마블 케이크는 만드는 과정은 조금 번거롭지만, 만들고 나면 주변의 반응도 좋고 만족도도 아주 높은 케이크입니다. 여기서는 가나슈와 크림치즈를 함께 올렸지만, 집에서 만들 때는 가나슈만 올리거나 그린티 크림치즈 프로스팅만 올려도 충분합니다.

밀가루 박력분 각각 140g • 버터 110g • 초콜릿 85g • 계란 3개 • 설탕 145g • 바닐라 엑기스 1작은술
베이킹파우더 6g • 소금 2g • 코코아파우더 4g • 우유 30g • 녹차가루 4g
**프로스팅** 그린티 크림치즈 1배합(75p 참고) • 글레이즈용 다크초콜릿 가나슈 약간

1 오븐을 180도로 예열하고 컵케이크 틀에 주름 컵을 끼워 준비하세요.

2 버터를 녹여두고 초콜릿도 중탕으로 녹여 준비합니다. 계란에 설탕을 넣고 섞어준 후 녹인 버터와 바닐라 엑기스를 넣고 섞어줍니다. 다른 볼에 밀가루, 베이킹파우더, 소금을 계량해 체에 내린 후 위의 반죽에 넣어 가볍게 섞어주세요.

3 반죽을 두 개의 볼에 나누어 담습니다. 첫번째 반죽에는 녹차 파우더를 넣고, 두번째 반죽에는 초콜릿과 우유에 섞은 코코아파우더를 넣어 섞습니다. 각각의 반죽을 반씩 컵케이크 컵에 담고 이쑤시개를 이용해 마블을 만들어주세요.

4 오븐에 넣고 20~22분 정도 구워줍니다. 이쑤시개로 찔러보아 아무것도 묻어나지 않으면 꺼내서 충분히 식혀줍니다.

5 컵케이크 위에 글레이즈용 다크초콜릿 가나슈를 발라 굳히고, 그 위에 그린티 크림치즈 프로스팅을 올려줍니다.

# 캐러멜 컵케이크

밀가루 박력분 180g • 버터 120g • 계란 2개 • 황설탕 170g • 베이킹파우더 6g • 소금 2g
우유 120g • 캐러멜소스 20g
**프로스팅** 캐러멜 버터크림 1배합 • 장식용 캐러멜

1  오븐을 180도로 예열하고 컵케이크 틀에 주름 컵을 끼워 준비합니다.

2  실온에 꺼내두어 말랑말랑해진 버터를 믹서로 풀어준 후 설탕을 조금씩 넣어서 부드럽게 크림 상태로 만듭니다. 충분히 섞어서 부드러워진 반죽에 계란을 하나씩 넣어가며 섞어주세요. 분리되지 않도록 빠른 속도로 충분히 섞어줍니다.

3  밀가루, 베이킹파우더, 소금을 함께 체에 쳐서 준비해주세요. 2의 반죽에 가루 재료와 우유를 번갈아 가면서 섞어줍니다. 가루 재료는 1/3씩 나누어서 넣고, 우유는 1/2씩 나누어서 섞어주세요. 마지막으로 캐러멜소스를 반죽에 넣어 휙휙 섞어주세요. 반죽을 스푼이나 짤주머니를 이용해서 컵케이크 컵에 2/3씩 담아줍니다.

4  예열된 오븐에 넣고 20~23분 정도 구운 후 이쑤시개로 찔러보아 아무것도 묻어나지 않으면 꺼내주세요. 10분간 그대로 두었다가 틀에서 꺼내 식힘 망 위에서 충분히 식힙니다.

5  완전히 식은 컵케이크 위에 캐러멜 버터크림을 올리고 원하는 모양으로 장식하여 마무리하세요.

**캐러멜 버터크림** 버터 110g • 슈거파우더 250g • 캐러멜소스 2큰술 • 우유 적당량

볼에 버터를 넣고 거품기로 부드럽게 풀어준 후 슈거파우더를 조금씩 넣으면서 섞습니다. 버터와 슈거파우더가 충분히 섞이면 캐러멜소스를 한 스푼씩 넣으면서 맛을 내주세요. 되직하다고 느껴지면 우유를 조금 넣어서 농도를 조절합니다.

캐러멜 컵케이크를 만들 때 사용하는 캐러멜소스는 집에서 직접 만들어보세요. 캐러멜소스를 직접 만들면 본인이 원하는 대로 당도를 조절할 수 있어서 케이크와 프로스팅이 지나치게 달아지는 것을 막을 수 있습니다.

**홈메이드 캐러멜소스** 설탕 1컵 • 물엿 1큰술 • 물 1/4컵 • 따뜻하게 데운 생크림 1/2컵 • 버터 2큰술
소금 2g • 바닐라 엑기스 1작은술

바닥이 두꺼운 냄비에 설탕과 물엿, 물을 넣고 설탕이 완전히 녹을 때까지 섞으면서 끓여주세요. 설탕이
보글보글 끓어오르면서 갈색으로 변하면 불에서 내린 후 따뜻하게 데운 생크림을 조금씩 넣어주세요. 이
때 시럽이 튈 수 있으니 주의해주세요.
냄비에 눌어붙거나 덩어리가 생기지 않도록 나무주걱 등을 이용해 충분히 섞어준 다음 버터와 소금을 넣
고 다시 한번 섞어줍니다. 소스가 조금 식으면 바닐라 엑기스를 넣어줍니다.
만들어놓은 캐러멜소스는 실온에서 3일까지 보관할 수 있고, 냉장보관하면 3주까지 사용할 수 있습니다.

# 피넛 버터 컵케이크

피넛 버터 컵케이크에는 다른 컵케이크와 달리 황설탕이 들어갑니다. 황설탕을 사용하면 좀더 진한 갈색을 만들 수 있고, 식감도 더 쫀득쫀득해지기 때문입니다. 다만 황설탕은 백설탕에 비해 입자가 크기 때문에 자칫 방심하면 지나치게 많은 양의 공기가 반죽에 들어갈 수 있습니다. 그러므로 휘핑하는 횟수를 줄여 컵케이크가 너무 많이 부풀어오르지 않도록 해주세요.

밀가루 박력분 150g • 버터 86g • 피넛 버터 130g • 황설탕 200g • 계란 2개 • 바닐라 엑기스 1작은술
우유 125g • 베이킹파우더 6g • 소금 2g • 초콜릿 칩 30g
**프로스팅** 피넛 버터크림 1배합 • 장식용 초콜릿 칩

1 오븐을 180도로 예열해두고 컵케이크 틀에 주름 컵을 끼워 준비합니다.

2 볼에 버터와 피넛 버터를 넣고 거품기로 휘저어서 잘 풀어준 다음 설탕을 조금씩 넣으면서 잘 섞습니다. 여기에 계란을 하나씩 넣으면서 섞어주세요. 버터와 계란의 수분이 분리되지 않도록 빠르게 섞습니다.

3 함께 체에 쳐둔 밀가루, 베이킹파우더, 소금을 우유와 번갈아 가면서 2의 반죽에 섞습니다. 마지막으로 바닐라 엑기스를 넣고 가볍게 저어줍니다.

4 완성된 반죽을 컵케이크 컵에 2/3 정도 채우고 오븐에 넣어 22~25분 정도 굽습니다. 이쑤시개로 찔러보아 아무것도 묻어나지 않으면 오븐에서 꺼내어 완전히 식혀주세요.

5 완전히 식은 컵케이크 위에 피넛 버터크림 프로스팅을 올려줍니다.

**피넛 버터크림** 버터 50g • 피넛 버터 50g • 슈거파우더 200g • 바닐라 엑기스 1작은술 • 우유 적당량

볼에 버터와 피넛 버터를 넣고 두 재료가 잘 섞이도록 휘저어준 뒤 슈거파우더를 조금씩 넣으면서 섞습니다.
땅콩 크런치가 들어 있는 피넛 버터를 사용할 때는 믹서를 너무 강하게 돌리지 않도록 주의하세요. 땅콩에서 기름이 배어 나와 크림이 분리될 수 있기 때문입니다. 우유를 조금씩 넣으면서 농도를 조절한 뒤 바닐라 엑기스를 넣어 향을 더해줍니다.

피넛 버터 컵케이크를 굽고 딸기 잼으로 속을 채운 후 피넛 버터크림을 올리면 상큼하면서 달콤한 맛에 고소함까지 더해진 피넛 버터 앤 젤리 컵케이크를 만들 수 있습니다. 또 피넛 버터 컵케이크를 굽고 그 위에 초콜릿 버터크림을 올리면 색다른 피넛 버터 초콜릿 컵케이크를 만들 수 있습니다.

과일
*fruit*

# 블루베리 크림치즈 컵케이크

컵케이크 가게를 열고 4년 동안 가장 많이 구운 컵케이크를 꼽으라면 블루베리 컵케이크가 아닐까 싶어요. 블루베리는 그냥 먹어도 맛있지만, 케이크나 파이에 넣어 구으면 맛과 향이 더 좋아집니다. 그래서인지 블루베리 머핀, 블루베리 파운드케이크, 블루베리 타르트 등 블루베리를 넣고 만든 제과 제품들도 참 많습니다. 여기에 컵케이크도 빠질 수 없죠.

블루베리 퓌레를 듬뿍 넣어 만든 블루베리 컵케이크를 소개합니다. 맛도 좋고 피부에도 좋은 보랏빛 블루베리 컵케이크, 오늘 당장 만들어보면 어떨까요?

밀가루 박력분 220g · 버터 120g · 설탕 220g · 계란 2개 · 베이킹파우더 6g · 소금 2g
우유 125g · 블루베리 퓌레 70g

**프로스팅** 블루베리 크림치즈 1배합 · 장식용 냉동 블루베리 약간

1  오븐을 180도로 예열하고 컵케이크 틀에 주름 컵을 끼워 준비합니다.

2  실온에 꺼내두어 말랑말랑해진 버터를 부드럽게 풀어주고 설탕을 조금씩 넣으면서 섞어주세요. 반죽이 충분히 부드러워졌으면 계란을 하나씩 넣으면서 분리되지 않도록 빨리 섞습니다. 함께 계량해서 체에 쳐둔 밀가루와 베이킹파우더, 소금을 우유와 번갈아 가면서 섞어주세요. 가루 재료는 3번에 나누어서 넣고. 우유는 2번에 나누어서 넣습니다. 마무리는 반드시 가루 재료로 해주세요. 가루가 안 보일 정도로 섞어주고 블루베리 퓌레를 넣어 가볍게 저어준 후 마무리합니다.

3  반죽을 컵케이크 컵에 2/3 정도 담아주고 오븐에 넣어 20~22분 정도 굽습니다. 케이크 안쪽까지 완전히 익으면 오븐에서 꺼내어 식힘 망 위에서 충분히 식혀주세요.

4  컵케이크 위에 블루베리 크림치즈 프로스팅을 올리고 냉동 블루베리를 올려 장식해주세요.

**블루베리 크림치즈** 오리지널 크림치즈 1배합(35p 참고) · 블루베리 퓌레 3~4큰술
오리지널 크림치즈에 블루베리 퓌레를 넣고 잘 섞어주세요.

집에서 직접 블루베리 퓌레를 만들어 쓸 때는 수분의 양을 일정하게 유지하는 것이 조금 까다롭게 느껴
질 수 있습니다. 퓌레의 수분 양에 따라서 케이크의 식감이나 색깔이 달라지고, 재료의 상태에 따라 케이
크의 맛이 달라질 수 있으니 원재료의 관리에도 관심을 가져보세요.

# 스위트 딸기 컵케이크

딸기를 넣고 컵케이크를 구우면 그 향이 너무 달콤해서 오븐 앞에 딱 붙어서 떨어지고 싶지 않을 때가 있어요. 너무 달콤해서 사랑에 빠질 것만 같은 딸기 컵케이크를 만들어볼까요?
딸기는 블루베리나 산딸기에 비해 맛이나 향이 강한 과일이 아니기 때문에 딸기 퓌레의 양을 조금 늘려서 굽는 것이 좋습니다. 딸기와 산딸기를 함께 섞어서 새콤달콤한 베리 컵케이크를 구워도 좋고요.

밀가루 박력분 220g • 버터 120g • 설탕 220g • 계란 2개 • 베이킹파우더 6g • 소금 2g
우유 125g • 딸기 퓌레 120g
**프로스팅** 딸기 버터크림 1배합 • 장식용 딸기 약간

1. 오븐을 180도로 예열하고 컵케이크 틀에 주름 컵을 끼워 준비합니다.
2. 실온에 꺼내두어 말랑말랑해진 버터를 부드럽게 풀어주고 설탕을 조금씩 넣으면서 섞어주세요. 반죽이 부드러워졌으면 계란을 하나씩 넣으면서 분리되지 않도록 빨리 섞습니다.
3. 함께 계량해서 체에 쳐둔 밀가루와 베이킹파우더, 소금을 우유와 번갈아 가면서 섞어주세요. 가루 재료는 3번에 나누어서 넣고, 우유는 2번에 나누어서 넣습니다. 마무리는 반드시 가루 재료로 해주세요. 가루가 안 보일 정도로만 섞어주고 딸기 퓌레를 넣어 가볍게 저어준 후 마무리합니다.
4. 반죽을 컵케이크 컵에 2/3 정도 담고 오븐에 넣어 20~22분 정도 굽습니다. 케이크 안쪽까지 완전히 익으면 오븐에서 꺼내어 식힘 망 위에서 충분히 식혀주세요.
5. 컵케이크 위에 딸기 버터크림 프로스팅을 올리고 딸기를 올려 상큼하게 장식하세요.

**딸기 버터크림** 버터 110g • 슈거파우더 300g • 딸기 퓌레 적당량

실온에 꺼내두어 말랑말랑해진 버터를 볼에 넣고 부드럽게 풀어줍니다. 슈거파우더를 조금씩 넣으면서 충분히 섞어주세요. 공기가 충분히 들어가야 부드럽고 풍성한 크림을 만들 수 있습니다.
딸기 퓌레를 한 스푼씩 넣으면서 맛과 농도를 조절해주세요. 딸기를 좋아한다고 해서 무턱대고 퓌레를 잔뜩 넣으면 버터와 수분이 분리될 수도 있으니 주의하세요.

# 딸기 치즈케이크 컵케이크

밀가루 박력분 220g • 버터 120g • 설탕 220g • 계란 2개 • 베이킹파우더 6g • 소금 2g
우유 125g • 딸기 퓌레 120g
**프로스팅** 오리지널 크림치즈 1배합(35p 참고) • 딸기 약간 • 장식용 쿠키 약간

1. 오븐을 180도로 예열하고 컵케이크 틀에 주름 컵을 끼워 준비합니다.

2. 실온에 꺼내두어 말랑말랑해진 버터를 부드럽게 풀어주고 설탕을 조금씩 넣으면서 섞어주세요. 반죽이 충분히 부드러워졌으면 계란을 하나씩 넣으면서 분리되지 않도록 빨리 섞습니다.

3. 함께 계량해서 체에 쳐둔 밀가루와 베이킹파우더, 소금을 우유와 번갈아 가면서 섞어주세요. 가루 재료는 3번에 나누어서 넣고, 우유는 2번에 나누어서 넣습니다. 마무리는 반드시 가루 재료로 해주세요. 가루가 안 보일 정도로만 섞어주고 딸기 퓌레를 넣어 가볍게 저어준 후 마무리합니다.

4. 반죽을 컵케이크 컵에 2/3 정도 담고 오븐에 넣어 20~22분 정도 굽습니다. 케이크 안쪽까지 완전히 익으면 오븐에서 꺼내 식힘 망 위에서 충분히 식혀주세요.

5. 딸기를 깨끗이 닦아 물기를 제거하고 잘게 썰어두세요. 오리지널 크림치즈 프로스팅을 만든 후 마지막에 썰어둔 딸기를 넣고 고무주걱으로 가볍게 섞어줍니다. 너무 오래 섞거나 힘을 주면 딸기가 으깨질 수 있으니 주의하세요.

6. 딸기 컵케이크가 완전히 식으면 컵케이크 윗면을 콘 모양으로 잘라낸 후 딸기를 넣은 크림치즈로 채워줍니다. 이렇게 속을 채우면 훨씬 더 진한 치즈케이크의 맛을 낼 수 있습니다. 잘라둔 케이크 조각으로 다시 위를 덮어주고 딸기를 넣은 크림치즈 프로스팅을 다시 한번 올려줍니다.

7. 준비한 장식용 쿠키를 잘게 부수어서 자연스럽게 뿌려줍니다.

스위트 딸기 컵케이크가 부드러운 딸기우유의 맛에 가깝다면, 딸기 치즈케이크 컵케이크는 이름 그대로 딸기 치즈케이크의 맛이 나는 컵케이크입니다. 크림치즈 프로스팅이 버터크림보다 덜 달기 때문에 단맛을 그리 좋아하지 않는 분들에게는 딸기 치즈케이크 컵케이크를 추천합니다. 딸기 컵케이크를 한 판 구워서 반은 스위트 딸기 컵케이크를 굽고, 나머지 반은 딸기 치즈케이크 컵케이크로 만들어서 즐겨보세요. 크림치즈 프로스팅에 가공한 딸기 퓌레 대신 생딸기를 직접 넣어서 만들면 상큼한 맛이 더해져서 입안 가득 봄을 느낄 수 있을 거예요.

# 레몬 컵케이크



이샘 컵케이크에서는 매년 3월이 되면 봄을 환영하는 의미로 상큼한 레몬 컵케이크를 굽곤 합니다. 레몬 컵케이크를 만들고 남은 레몬즙으로 레몬에이드도 만들어 먹고, 레몬 제스트로 레몬 쿠키도 구워 먹고요. 이렇게 레몬으로 상큼하게 비타민 충전을 하고 나면 봄처녀가 된 듯한 기분이 들어요.

레몬 컵케이크도 다른 컵케이크와 마찬가지로 버터와 설탕을 충분히 크림 상태로 만들어주고, 계란이 분리되지 않도록 세심하게 섞어주는 것이 중요합니다. 또 한 가지 주의해야 할 점은 레몬즙과 우유를 섞는 시점인데요. 레몬즙을 우유에 넣으면 레몬의 산 성분과 우유의 단백질이 만나 덩어리가 생깁니다. 지나치게 응고되면 케이크가 뻑뻑해질 수 있으니 레몬즙은 우유 재료를 가루 재료와 섞기 시작하는 시점에 넣어주세요.

밀가루 박력분 190g · 버터 120g · 설탕 200g · 계란 2개 · 베이킹파우더 6g · 소금 2g
우유 125g · 레몬즙 10g · 레몬 제스트 8g
**프로스팅** 레몬 버터크림 1배합 · 장식용 레몬 약간

1. 오븐을 180도로 예열하고 컵케이크 틀에 주름 컵을 끼워 준비합니다.

2. 버터를 부드럽게 풀어준 후 설탕을 조금씩 넣으면서 크림상태로 만들어주세요. 충분히 부드러워질 때까지 섞는 것이 중요합니다. 여기에 계란을 하나씩 넣으면서 분리되지 않도록 빠르게 섞어주세요.

3. 밀가루, 베이킹파우더, 소금을 체에 쳐서 준비하고 우유와 레몬즙을 계량해둡니다. 2의 반죽이 완성됐으면 우유에 레몬즙을 넣어주세요. 그리고 반죽에 가루 재료와 우유 재료를 번갈아가면서 섞어 매끄러운 반죽을 만들어주세요. 마지막으로 레몬 제스트를 넣어 마무리합니다.

4. 오븐에 넣고 20~22분 정도 구운 후 꺼내서 완전히 식혀주세요. 컵케이크 위에 레몬 버터크림을 올리고 원하는 스타일로 장식을 합니다.

**레몬 버터크림** 버터 110g · 슈거파우더 300g · 레몬 제스트 15g · 레몬즙 약간
버터를 부드럽게 풀어준 후 슈거파우더를 조금씩 넣으면서 섞어주세요. 여기에 레몬 제스트와 레몬즙을 넣어 농도를 조절하면서 풍성하고 부드러운 크림을 만들어주세요.

레몬은 굵은 소금을 이용해서 표면을 문질러주면서 꼼꼼하게 닦고 뜨거운 물에 여러 번 헹궈냅
니다. 레몬 제스트는 도구를 이용하면 간편하게 만들 수 있지만 집에 도구가 없다면 작은 과도
로 레몬 껍질 부분만 얇게 저며내면 됩니다.

# 레몬 머랭 컵케이크

이 컵케이크는 평소 좋아하던 레몬 머랭 파이에서 힌트를 얻어 만들었습니다. 베이커리에 가면 늘 머랭 파이의 멋진 모양과 맛에 매료되곤 했거든요. 레몬의 새콤한 맛을 달콤한 머랭이 부드럽게 감싸주어서 마치 레몬 맛 솜사탕을 먹는 것 같았어요. 평소에 굽던 레몬 컵케이크 위에 상큼함을 더해줄 레몬 글레이즈를 한 번 덧발라주고, 막 만든 머랭 프로스팅을 올려 장식하면 훌륭한 레몬 머랭 컵케이크가 완성됩니다. 머랭 프로스팅은 보관이 어려우므로 필요한 양만큼만 만들어서 쓰세요.

밀가루 박력분 190g • 버터 120g • 설탕 200g • 계란 2개 • 베이킹파우더 6g • 소금 2g
우유 125g • 레몬즙 10g • 레몬 제스트 8g
**프로스팅** 머랭 프로스팅 1배합 • 레몬 글레이즈 적당량

1  버터를 부드럽게 풀어준 후 설탕을 조금씩 넣으면서 크림상태로 만들어주세요. 충분히 부드러워질 때까지 섞는 것이 중요합니다. 계란을 하나씩 넣으면서 분리되지 않도록 빠르게 섞어주세요.

2  밀가루, 베이킹파우더, 소금을 체에 쳐서 준비하고 우유와 레몬즙을 계량해둡니다. 계란을 다 섞으면 우유에 레몬즙을 넣어주세요. 그리고 가루 재료와 우유 재료를 번갈아 가면서 섞어 매끄러운 반죽을 만들어주세요. 마지막으로 레몬 제스트를 넣어 마무리합니다.

3  오븐에 넣어 20~22분 정도 구운 후 꺼내서 완전히 식혀주세요.

4  식힌 컵케이크 위에 레몬 글레이즈를 바르고 굳혀줍니다. 여기에 머랭 프로스팅 올리고 토치로 가볍게 그을려주세요.

**레몬 글레이즈** 슈거파우더 100g • 레몬즙 2~3큰술
**머랭 프로스팅** 계란 흰자 100g • 설탕 50g • 시럽용 설탕 100g • 물 40g

볼에 계란 흰자를 넣고 거품기로 잘 섞어서 거품을 올립니다. 설탕을 조금씩 넣으면서 거품을 풍성하게 만들어주세요. 거품을 만들면서 냄비에 물과 시럽용 설탕을 넣고 중불에 올려 시럽을 끓여줍니다. 머랭에 끓인 시럽을 조금씩 부으면서 계속 섞어주세요. 단단해지면 완성입니다.

## Note

머랭 프로스팅은 부드럽고 달콤해서 인기가 좋지만, 계란 흰자를 시럽으로 익혀서 만든 것이라서 어린이나 임산부는 조심해서 먹는 것이 좋습니다. 물론 보통 사람들이 먹기에는 전혀 문제가 없으니 안심하고 만들어보세요.

# 라임 파이 컵케이크

밀가루 박력분 220g • 버터 120g • 설탕 220g • 계란 2개 • 베이킹파우더 6g • 소금 2g
우유 125g • 라임 퓌레 70g
**프로스팅** 라임 크림치즈 1배합 • 장식용 다이제스티브 쿠키 약간

1  오븐을 180도로 예열하고 컵케이크 틀에 주름 컵을 끼워 준비합니다.

2  실온에 꺼내두어 말랑말랑해진 버터를 부드럽게 풀어주고 설탕을 조금씩 넣으면서 섞어주세요. 반죽이 충분히 부드러워졌으면 계란을 하나씩 넣으면서 분리되지 않도록 빨리 섞습니다.

3  함께 계량해서 체에 쳐 둔 밀가루와 베이킹파우더, 소금을 우유와 번갈아 가면서 섞어주세요. 가루 재료는 3번에 나누어서 넣고, 우유는 2번에 나누어서 넣습니다. 마무리는 반드시 가루 재료로 해주세요. 가루가 안 보일 정도로만 섞어주고 라임 퓌레를 넣어 가볍게 저어준 후 마무리합니다. 좀더 진한 라임 향을 내고 싶다면 라임 제스트를 넣어주어도 좋습니다.

4  반죽을 컵케이크 컵에 2/3 정도 담고 오븐에 넣어 20~22분간 굽습니다. 케이크 안쪽까지 완전히 익으면 오븐에서 꺼내서 식힘 망 위에서 충분히 식혀주세요.

5  컵케이크 위에 라임 크림치즈 프로스팅을 올리고 다이제스티브 쿠키를 갈아 자연스럽게 올려주세요. 쿠키 조각을 꽂아 장식해도 좋습니다.

**라임 크림치즈** 오리지널 크림치즈 1배합(35p 참고) • 라임 퓌레 적당량
오리지널 크림치즈에 라임 퓌레를 넣어 맛을 내주세요. 크림치즈 자체에 신맛이 있기 때문에 라임의 맛을 도드라지게 하기는 어렵지만 라임 향을 더 첨가하고 싶다면 라임 제스트를 넣어주면 됩니다.

라임이나 망고, 자몽과 같은 과일로 컵케이크를 만들 때는 질이 좋은 퓌레를 준비해주세요. 저는 좀더 묵직하고 진한 라임의 맛을 내기 위해서 라임즙과 제스트 대신 라임 퓌레를 사용한 컵케이크를 만들어보았습니다. 거기에 묵직한 케이크의 질감에 어울리는 크림치즈로 프로스팅을 올렸고요. 라임 퓌레가 들어간 컵케이크 위에 라임 버터크림을 올려도 맛있습니다.

# 라 임  슈 거  컵 케 이 크

라임 파이 컵케이크와 달리 라임 슈거 컵케이크는 라임즙과 제스트로 가볍게 맛을 낸 컵케이크입니다. 마가리타 칵테일에서 아이디어를 얻어 만든 컵케이크로, 컵케이크 위에 라임 버터크림을 듬뿍 올리고 설탕으로 컵케이크 옆면을 장식하여 만들어보았어요. 컵케이크에 빨대를 하나씩 꽂아주면 마가리타 칵테일처럼 연출할 수 있습니다.

밀가루 박력분 190g • 버터 120g • 설탕 200g • 계란 2개 • 베이킹파우더 6g • 소금 2g
우유 125g • 라임즙 10g • 라임 제스트 8g
**프로스팅** 라임 버터크림 1배합 • 초록색 설탕 약간

1  오븐을 180도로 예열하고 컵케이크 틀에 주름 컵을 끼워 준비합니다.

2  버터를 부드럽게 풀어준 후 설탕을 조금씩 넣으면서 크림상태로 만들어주세요. 충분히 부드러워질 때까지 섞는 것이 중요합니다. 계란을 하나씩 넣으면서 분리되지 않도록 빠르게 섞어주세요.

3  밀가루, 베이킹파우더, 소금을 체에 쳐서 준비하고 우유에 라임즙을 넣어 같이 계량합니다. 계란을 다 섞었으면 가루 재료와 우유 재료를 번갈아 가면서 섞어 매끄러운 반죽을 만들어주세요. 마지막으로 라임 제스트를 넣어 마무리합니다.

4  오븐에 넣고 20~22분 정도 구운 후 꺼내서 완전히 식혀주세요.

5  컵케이크 위에 라임 버터크림 프로스팅을 올리고 컵케이크 옆면을 초록색 설탕으로 장식하여 마가리타 칵테일처럼 연출해보세요.

**라임 버터크림** 버터 110g • 슈거파우더 300g • 라임 제스트 15g • 라임즙 약간
버터를 부드럽게 풀어준 후 슈거파우더를 조금씩 넣으면서 섞어줍니다. 여기에 라임 제스트와 라임즙으로 농도를 조절하면서 풍성하고 부드러운 크림을 만들어주세요.

**색깔 설탕 만들기**

설탕을 지퍼백에 담고 이쑤시개로 식용색소를 살짝 찍어서 넣어줍니다. 지퍼백을 밀봉하고 설탕에 고루
색깔이 퍼지도록 섞어주세요. 지퍼백을 열어 수분이 날아가도록 말려준 다음 사용하세요.

Kitchen Board

# 라즈베리 크림치즈 컵케이크

새콤한 과일 컵케이크를 굽고 싶을 때에는 라즈베리 컵케이크가 제격입니다. 오리지널 크림치즈에 라즈베리 퓌레를 넣으면 상큼한 핑크색을 만들 수 있으니 핑크색 크림을 원할 때에는 색소 대신 라스베리 퓌레를 사용해보세요.

밀가루 박력분 220g • 버터 120g • 설탕 220g • 계란 2개 • 베이킹파우더 6g • 소금 2g
우유 125g • 라즈베리 퓌레 120g
**프로스팅** 라즈베리 크림치즈 1배합 • 장식용 라즈베리 약간

1. 오븐을 180도로 예열하고 컵케이크 틀에 주름 컵을 끼워 준비합니다.
2. 실온에 꺼내두어 말랑말랑해진 버터를 부드럽게 풀어주고 설탕을 조금씩 넣으면서 섞어주세요. 반죽이 부드러워졌으면 계란을 하나씩 넣으면서 분리되지 않도록 빨리 섞습니다.
3. 함께 계량해서 체에 쳐둔 밀가루와 베이킹파우더, 소금을 우유와 번갈아 가면서 섞어주세요. 가루 재료는 3번에 나누어서 넣고, 우유는 2번에 나누어서 넣습니다. 마무리는 반드시 가루 재료로 해주세요. 가루가 안 보일 정도로만 섞어주고 라즈베리 퓌레를 넣어 가볍게 저어준 후 마무리합니다.
4. 반죽을 컵케이크 컵에 2/3 정도 담고 오븐에 넣어 20~22분간 굽습니다. 케이크 안쪽까지 완전히 익으면 오븐에서 꺼내서 식힘 망 위에서 충분히 식혀주세요.
5. 컵케이크 위에 라즈베리 크림치즈 프로스팅을 올리고 장식용 라즈베리를 올려 장식하세요.

**라즈베리 크림치즈** 오리지널 크림치즈 1배합(35p 참고) • 라즈베리 퓌레 2~3큰술
오리지널 크림치즈에 라즈베리 퓌레를 넣어 섞어주세요. 퓌레를 너무 많이 넣으면 크림치즈가 묽어질 수 있으니 농도를 조절하면서 넣어줍니다. 만약 크림이 너무 묽어졌다면 냉장고에 넣어서 굳힌 후 사용하면 됩니다.

# 화이트초콜릿 라즈베리 컵케이크

상큼한 라즈베리와 부드러운 화이트 초콜릿은 한여름의 디저트로 제격입니다. 라즈베리 잼으로 컵케이크 속을 채우면 상큼한 라즈베리의 맛을 더욱 강조할 수 있어요. 차가운 아이스티 한 잔과 함께 즐겨보세요.

밀가루 박력분 220g • 버터 120g • 설탕 220g • 계란 2개 • 베이킹파우더 6g • 소금 2g
우유 125g • 라즈베리 퓌레 120g • 라즈베리 잼 약간
**프로스팅** 화이트초콜릿 버터크림 1배합(96p 참고) • 장식용 라즈베리 약간

1 오븐을 180도로 예열하고 컵케이크 틀에 주름 컵을 끼워 준비합니다.

2 실온에 꺼내두어 말랑말랑해진 버터를 부드럽게 풀어주고 설탕을 조금씩 넣으면서 섞어주세요. 반죽이 충분히 부드러워졌으면 계란을 하나씩 넣으면서 분리되지 않도록 빨리 섞습니다.

3 함께 계량해서 체에 쳐둔 밀가루와 베이킹파우더, 소금을 우유와 번갈아 가면서 섞어주세요. 가루 재료는 3번에 나누어서 넣고, 우유는 2번에 나누어서 넣습니다. 마무리는 반드시 가루 재료로 해주세요. 가루가 안 보일 정도로만 섞어주고 라즈베리 퓌레를 넣어 가볍게 저어준 후 마무리합니다.

4 반죽을 컵케이크 컵에 2/3 정도 담고 오븐에 넣어 20~22분간 굽습니다. 케이크 안쪽까지 완전히 익으면 오븐에서 꺼내서 식힘 망 위에서 충분히 식혀주세요.

5 라즈베리 컵케이크의 속을 파내고 안에 라즈베리 잼을 채워주세요. 파낸 컵케이크 조각으로 다시 위를 덮어준 후 화이트초콜릿 버터크림을 올려줍니다.

6 장식용 라즈베리를 올려서 장식해주세요.

# 바 나 나  크 림  컵 케 이 크

밀가루 박력분 180g • 버터 110g • 설탕 200g • 계란 2개 • 베이킹파우더 6g • 소금 2g
으깬 바나나 200g • 호두 30g • 초콜릿 칩 20g
**프로스팅** 오리지널 크림치즈 1배합(35p 참고) • 장식용 바나나 약간

1 오븐을 180도로 예열하고 컵케이크 틀에 주름 컵을 끼워 준비합니다.

2 실온에 꺼내두어 말랑말랑해진 버터를 부드럽게 풀어주고 설탕을 조금씩 넣으면서 섞어주세요. 오래 섞어서 공기가 충분히 들어가도록 해주세요. 반죽이 부드러워졌으면 계란을 하나씩 넣으면서 분리되지 않도록 빨리 섞습니다.

3 미리 체에 쳐둔 밀가루, 베이킹파우더, 소금을 모두 반죽에 넣고 고무주걱으로 섞어줍니다. 수분이 조금 부족하기 때문에 뻑뻑한 반죽이 되니 너무 오래 치대지 않도록 해주세요. 가루가 보이지 않을 정도로 섞으면 으깬 바나나를 넣어 가볍게 섞어줍니다. 바나나가 들어가면 다시 수분이 보충되면서 반죽이 부드러워집니다. 여기에 구운 호두와 초콜릿 칩을 넣어 섞으면서 마무리합니다.

4 반죽을 컵케이크 컵에 2/3 정도 담고 오븐에 넣어 20~22분간 굽습니다. 케이크 안쪽까지 완전히 익으면 오븐에서 꺼내서 식힘 망 위에서 충분히 식혀주세요.

5 컵케이크 위에 오리지널 크림치즈 프로스팅을 올리고 바나나를 올려 장식하거나 원하는 토핑으로 장식해주세요.

## Note

바나나 컵케이크 위에 초콜릿 버터크림을 올리면 맛있는 바나나 초콜릿 컵케이크를 만들 수 있습니다. 초콜릿 퐁듀의 재료로 바나나가 빠지지 않는 것처럼 바나나와 초콜릿은 정말 잘 어울리는 조합이거든요.

집에 사둔 지 오래된 바나나가 있다면 바나나 컵케이크에 도전해보세요. 잘 익은 바나나로 케이크를 구우면 훨씬 달고 맛있는 케이크를 만들 수 있습니다. 바나나 컵케이크에는 꽤 많은 양의 바나나가 들어가기 때문에 수분을 보충하기 위해 따로 우유를 넣지는 않습니다. 만약 반죽이 너무 되다고 생각되면 우유를 한두 스푼 넣어서 조절해주세요.

# 바나나 토피 컵케이크

여러분은 혹시 바나나와 캐러멜이 얼마나 잘 어울리는지 알고 있나요? 바나나 컵케이크에 캐러멜 크림을 올리면 정말로 환상적인 맛이 납니다. 이 컵케이크는 몇 년 전 런던에 갔을 때 먹어보았던 바나나 토피 컵케이크의 맛을 떠올리면서 만들어보았습니다. 아삭아삭한 토피를 올리거나 슈퍼마켓에서 파는 초콜릿바를 잘게 부셔서 씹는 맛을 더해주어도 좋습니다.

밀가루 박력분 180g • 버터 110g • 설탕 200g • 계란 2개 • 베이킹파우더 6g • 소금 2g
으깬 바나나 200g • 호두 50g • 초콜릿 칩 20g
프로스팅 캐러멜 버터크림 1배합(100p 참고) • 장식용 토피 약간

1 오븐을 180도로 예열하고 컵케이크 틀에 주름 컵을 끼워 준비합니다.

2 실온에 꺼내두어 말랑말랑해진 버터를 부드럽게 풀어주고 설탕을 조금씩 넣으면서 섞어주세요. 충분히 섞어서 공기가 충분히 들어가도록 해주세요. 반죽이 부드러워졌으면 계란을 하나씩 넣으면서 분리되지 않도록 빨리 섞습니다.

3 미리 체에 쳐둔 밀가루, 베이킹파우더, 소금을 모두 반죽에 넣고 고무주걱으로 섞어줍니다. 수분이 조금 부족하기 때문에 뻑뻑한 반죽이 만들어지니 너무 오래 치대지 않도록 주의해주세요. 가루가 보이지 않을 정도로 섞이면 으깬 바나나를 넣어 가볍게 섞어줍니다. 바나나가 들어가면 다시 수분이 보충되면서 부드러운 반죽이 만들어집니다. 여기에 구운 호두와 초콜릿 칩을 넣어 섞으면서 마무리합니다.

4 반죽을 컵케이크 컵에 2/3 정도 담고 오븐에 넣어 20~22분간 굽습니다. 케이크 안쪽까지 완전히 익으면 오븐에서 꺼내어 식힘 망 위에서 충분히 식혀주세요.

5 컵케이크 위에 캐러멜 버터크림을 올려 마무리합니다.

# 복숭아 크림 컵케이크

밀가루 박력분 220g • 버터 120g • 설탕 210g • 계란 2개 • 베이킹파우더 6g • 소금 2g
우유 125g • 복숭아 퓌레 120g
**프로스팅** 복숭아 버터크림 1배합 • 필링 및 장식용 복숭아 캔 1통

1. 오븐을 180도로 예열하고 컵케이크 틀에 주름 컵을 끼워 준비합니다.

2. 실온에 꺼내두어 말랑말랑해진 버터를 부드럽게 풀어주고 설탕을 조금씩 넣으면서 섞어주세요. 반죽이 충분히 부드러워졌으면 계란을 하나씩 넣으면서 분리되지 않도록 빨리 섞습니다.

3. 함께 계량해서 체에 쳐둔 밀가루와 베이킹파우더, 소금을 우유와 번갈아 가면서 섞어주세요. 가루 재료는 3번에 나누어서 넣고, 우유는 2번에 나누어서 넣습니다. 마무리는 반드시 가루 재료로 해주세요. 가루가 안 보일 정도로만 섞어주고 복숭아 퓌레를 넣어 가볍게 저어준 후 마무리합니다.

4. 반죽을 컵케이크 컵에 2/3 정도 담고 오븐에 넣어 20~22분간 굽습니다. 케이크 안쪽까지 완전히 익으면 오븐에서 꺼내어 식힘 망 위에서 충분히 식혀주세요.

5. 컵케이크 속을 도려내고 안에 설탕에 절인 복숭아를 채워 넣습니다. 복숭아 버터크림 프로스팅을 올린 후 복숭아 한두 조각을 올려 장식합니다.

**복숭아 버터크림** 버터 110g • 슈거파우더 300g • 복숭아 퓌레 4큰술

실온에서 녹인 버터에 슈거파우더를 넣으면서 부드럽게 풀어주세요. 충분히 섞어가며 충분히 공기를 넣어준 다음 복숭아 퓌레를 한 스푼씩 넣으면서 맛과 농도를 조절합니다.

## Note
같은 레시피에 복숭아 퓌레 대신 망고 퓌레를 넣으면 간단하게 망고 컵케이크를 만들 수 있습니다.

복숭아는 다른 과일에 비해 케이크로 구웠을 때 그 맛이 도드라지지는 재료는 아니에요. 그래서 퓌레를 사용할 때는 한 번 더 졸여서 사용해주면 좋습니다. 또 집에서 직접 만든 잼을 넣어주면 훨씬 더 진한 맛과 향의 복숭아 컵케이크를 만들 수 있습니다. 잘 구워진 컵케이크 안에 설탕에 절인 복숭아를 넣어 복숭아 맛을 더해주는 것도 좋은 방법입니다.

# 사과 캐러멜 컵케이크

나무 막대에 사과를 꽂고 겉에 뜨거운 캐러멜을 입혀 먹는 길거리 간식이 있습니다. 워낙 달아서 한국 사람들은 그리 즐기지 않지만, 외국에서는 할로윈이나 불꽃축제, 놀이 동산에서 흔히 볼 수 있는 간식 중 하나입니다. 예전에 한 번 먹어보고는 너무 달아서 나도 모르게 얼굴을 찌푸렸던 기억이 있는데, 그러면서도 사과와 캐러멜이 참 잘 어울린다는 생각을 했던 것 같아요. 캐러멜 사과를 떠올리며 사과 캐러멜 컵케이크를 만들어보았습니다. 가벼운 식감의 시나몬 컵케이크에 사과 크림치즈 필링을 만들어 속을 채우고 프로스팅으로 캐러멜 버터크림을 올리면 됩니다. 나무 막대를 하나씩 꽂아 재미있게 연출해보세요.

밀가루 박력분 190g • 버터 120g • 설탕 190g • 계란 2개 • 시나몬파우더 4g • 베이킹파우더 6g • 소금 2g 우유 125g • 바닐라 엑기스 1작은술 • 사과 크림치즈 필링 1배합

**프로스팅** 캐러멜 버터크림 1배합(100p 참고)

1 오븐을 180도로 예열하고 컵케이크 틀에 주름 컵을 끼워 준비합니다.

2 실온에 꺼내두어 말랑말랑해진 버터를 믹서로 풀어준 후 설탕을 조금씩 넣어 부드럽게 크림 상태로 만듭니다. 충분히 섞어 부드러워진 반죽에 계란을 하나씩 넣어 섞어주세요. 분리되지 않도록 빠른 속도로 충분히 섞어줍니다.

3 밀가루, 베이킹파우더, 소금, 시나몬가루를 함께 체에 치고, 우유와 바닐라 엑기스도 함께 계량해 준비해주세요. 1의 반죽에 가루 재료와 우유 재료를 번갈아 가면서 섞어줍니다. 가루는 1/3씩 나누어서 넣고, 우유는 1/2씩 나누어서 섞어주세요. 스푼이나 짤주머니로 반죽을 컵케이크 컵에 2/3씩 담아줍니다. 예열된 오븐에 넣고 20~23분 정도 구운 후 이쑤시개로 찔러보아 아무것도 묻어나지 않으면 꺼내주세요. 10분간 그대로 두었다가 틀에서 꺼내어 식힘 망 위에서 충분히 식힙니다.

4 컵케이크가 완전히 식으면 컵케이크 가운데를 동그랗게 파내어 사과 크림치즈 필링으로 속을 채워줍니다. 잘라낸 조각으로 다시 위를 덮어주고 캐러멜 버터크림 프로스팅을 올려주세요.

5 원하는 장식으로 꾸며준 후 아이스크림 스틱을 꽂아 마무리합니다.

**사과 크림치즈 필링** 오리지널 크림치즈 1배합(35p 참고) • 사과 필링 30g
**사과 필링(2컵 분량)** 사과 3개 • 레몬즙 10g • 시나몬가루 7g • 설탕 65g • 황설탕 50g
**미지근한 물** 15g • 전분 10g

모든 재료를 냄비에 넣고 중불에서 끓여줍니다. 바글바글 끓으면 불을 줄이고 10분 정도 끓이면서 졸여
주세요. 중간에 재료들이 바닥에 눌어붙지 않도록 나무주걱을 이용해 섞어줍니다. 완전히 식혀서 준비
합니다.

# 사과 파이 컵케이크



운전을 하면서 돌아다니다보면 계절이 변하는 것을 여러모로 느낄 수 있습니다. 주변의 풍경이 변하는 것을 보고 계절이 변했다는 것을 느끼기도 하지만, 가장 실감나는 순간은 길거리 트럭에서 파는 과일을 볼 때인 것 같아요. 특히 가을이 되면 트럭 한가득 사과를 싣고 나와 파는 길거리 노점상들을 종종 볼 수 있습니다. 제철 사과를 구입해서 사과 파이를 만들어 먹는 것도 가을을 즐겁게 보내는 하나의 방법이겠죠. 사과 파이 만드는 것이 조금 번거롭다면 사과 파이 컵케이크를 만들어보는 건 어떨까요?

밀가루 박력분 160g • 버터 120g • 황설탕 160g • 계란 2개 • 시나몬가루 4g • 베이킹파우더 6g • 소금 2g
우유 125g
**프로스팅** 오리지널 크림치즈 1배합(35p 참고) • 캐러멜소스 약간(103p 참고) • 캐러멜 사과 약간

1. 오븐을 180도로 예열하고 컵케이크 틀에 주름 컵을 끼워 준비합니다.

2. 실온에 꺼내두어 말랑말랑해진 버터를 볼에 넣고 부드럽게 풀어줍니다. 여기에 설탕을 조금씩 넣으면서 섞어주세요. 계란을 하나씩 넣어 거품기로 휘저어줍니다. 버터와 수분이 분리되지 않도록 빠르게 섞어주세요.

3. 함께 체에 쳐둔 밀가루, 시나몬가루, 베이킹파우더, 소금과 우유를 번갈아 가면서 섞어주세요. 가루 재료는 3번에 나누어서 넣고, 우유는 2번에 나누어서 섞으면 됩니다. 마무리는 반드시 가루 재료로 해주세요. 반죽을 컵케이크 컵에 담고 캐러멜 사과 두세 조각을 올린 후 오븐에 넣어 20~22분간 굽습니다.

4. 완전히 식은 컵케이크 위에 오리지널 크림치즈 프로스팅을 올리고 캐러멜 사과를 장식으로 올린 후 캐러멜소스로 마무리하세요.

**캐러멜 사과** 버터 30g • 설탕 65g • 사과 2개
버터와 설탕을 냄비에 넣고 중불에서 끓여주세요. 여기에 얇게 저민 사과를 넣고 졸이면 됩니다. 사과가 살짝 색이 나면 바로 꺼내서 식혀주세요.

# 오렌지 블로썸 컵케이크

밀가루 박력분 190g · 버터 120g · 설탕 200g · 계란 2개 · 베이킹파우더 6g · 소금 2g
우유 125g · 오렌지즙 10g · 오렌지 제스트 10g
**프로스팅** 오렌지 버터크림 1배합 · 장식용 오렌지 필 약간

1. 오븐을 180도로 예열하고 컵케이크 틀에 주름 컵을 끼워 준비합니다.
2. 버터를 부드럽게 풀어준 후 설탕을 조금씩 넣으면서 크림상태로 만들어주세요. 충분히 부드러워질 때까지 섞는 것이 중요합니다.
3. 계란을 하나씩 넣으면서 분리되지 않도록 빠르게 섞어주세요.
4. 밀가루, 베이킹파우더, 소금을 체에 쳐서 준비하고 우유에 오렌지즙을 넣어 함께 계량합니다. 계란을 다 섞었으면 가루 재료와 우유 재료를 번갈아 가면서 섞어 매끄러운 반죽을 만들어주세요. 마지막으로 오렌지 제스트를 넣어 마무리합니다.
5. 오븐에 넣고 20~22분 정도 구운 후 꺼내어 완전히 식혀주세요.
6. 컵케이크 위에 오렌지 버터크림을 올리고 오렌지 필로 장식합니다.

**오렌지 버터크림** 버터 110g · 슈거파우더 300g · 오렌지 제스트 15g · 레몬즙 1작은술 · 오렌지즙 약간
버터를 부드럽게 풀어준 후 슈거파우더를 조금씩 넣으면서 섞어줍니다. 여기에 오렌지 제스트와 레몬즙을 넣고 오렌지즙으로 농도를 조절하면서 풍성하고 부드러운 크림을 만들어주세요.

오렌지 블로썸 컵케이크는 어느 화장품 회사의 의뢰를 받아서 만들게 된 컵케이크로, 달콤하고 상큼한 맛이 좋습니다. 봄에서 여름으로 넘어가는 5, 6월에는 어김없이 이샘 컵케이크 쇼케이스의 한 자리를 차지하는 인기 컵케이크이기도 하고요.
오렌지는 레몬에 비해 맛과 향이 약하기 때문에 제대로 맛을 내려면 제스트나 즙의 양을 늘려서 굽는 것이 좋습니다. 또 오렌지 버터크림 프로스팅에는 레몬즙을 조금 넣어주면 상큼한 맛을 보충할 수 있습니다.

향신료
차
견과류

*spice*
*tea*
*nuts*

# 더블 그린티 컵케이크


매일 아침 가게 문을 열고나서 가장 먼저 하는 일은 숙성된 컵케이크 위에 먹음직스럽게 프로스팅을 올리는 것입니다. 비어 있던 쇼케이스에 컵케이크가 하나둘씩 채워지면 얼마나 마음이 뿌듯해지는지 몰라요. 참 많은 시행착오를 겪으면서 만든 컵케이크들이라 모두 다 애착이 가지만, 더블 그린티 컵케이크는 쇼케이스에서 유일하게 초록빛을 내주는 메뉴라 더 특별하게 느껴집니다. 전체 그림을 완성시켜주는 화룡점정 같은 역할을 해주거든요. 달지 않고 향이 좋은 컵케이크를 맛보고 싶다면 더블 그린티 컵케이크에 도전해보세요.

밀가루 박력분 180g • 버터 120g • 설탕 200g • 계란 2개 • 녹차가루 10g • 소금 2g
우유 125g • 베이킹파우더 6g

**프로스팅** 그린티 크림치즈 1배합(75p 참고)

1. 오븐을 180도로 예열하고 컵케이크 틀에 주름 컵을 끼워 준비합니다.

2. 실온에 꺼내두어 말랑말랑해진 버터를 믹서로 풀어준 후 설탕을 조금씩 넣어가며 부드럽게 크림상태로 만듭니다. 반죽이 충분히 부드러워지면 계란을 하나씩 넣어서 섞어주세요. 분리되지 않도록 빠른 속도로 충분히 섞어줍니다.

3. 밀가루, 베이킹파우더, 소금, 녹차가루를 함께 체에 쳐서 준비해두세요.

4. 2의 반죽에 가루 재료와 우유를 번갈아 가면서 섞어줍니다. 가루 재료는 1/3씩 나누어서 넣고, 우유는 1/2씩 나누어서 섞어주세요. 그런 다음 반죽을 스푼이나 짤주머니를 이용해서 컵케이크 컵에 2/3씩 담아줍니다.

5. 예열된 오븐에 넣고 20~23분 정도 구운 후 이쑤시개로 찔러보아 아무것도 묻어나지 않으면 꺼내주세요. 10분간 그대로 두었다가 틀에서 꺼내어 식힘 망 위에서 충분히 식힙니다.

6. 완전히 식은 컵케이크 위에 그린티 크림치즈 프로스팅을 올리고 녹차가루를 뿌려 장식해줍니다.

# 화이트 그린티 컵케이크



너무 진한 녹차의 맛이 부담스러운 분들을 위해 화이트 그린티 컵케이크를 만들어보았습니다. 화이트초콜릿 버터크림이 얼그레이 홍차 컵케이크와 잘 어울려서 녹차와도 잘 맞을 거라는 생각에 만들어보았는데, 정말 깜짝 놀랄 만큼 부드러운 맛이 좋았답니다.

**밀가루 박력분 180g** • **버터 120g** • **설탕 200g** • **계란 2개** • **녹차가루 10g** • **소금 2g** • **우유 125g**
**프로스팅** 화이트초콜릿 버터크림 1배합(96p 참고) • 장식용 화이트 초콜릿

1. 오븐을 180도로 예열하고 컵케이크 틀에 주름 컵을 끼워 준비합니다.

2. 실온에 꺼내두어 말랑말랑해진 버터를 믹서로 풀어준 후 설탕을 조금씩 넣어가며 부드럽게 크림상태로 만들어줍니다. 반죽이 충분히 부드러워지면 계란을 하나씩 넣어 섞어주세요. 분리되지 않도록 빠른 속도로 충분히 섞어줍니다.

3. 밀가루, 베이킹파우더, 소금, 녹차가루를 함께 체에 쳐서 준비해두세요.

4. 2의 반죽에 가루 재료와 우유를 번갈아 가면서 섞어줍니다. 가루 재료는 1/3씩 나누어서 넣고, 우유는 1/2씩 나누어서 섞어주세요. 반죽을 스푼이나 짤주머니를 이용해서 컵케이크 컵에 2/3씩 담아줍니다.

5. 예열된 오븐에 넣고 20~23분 정도 구운 후 이쑤시개로 찔러보아 아무것도 묻어나지 않으면 꺼내주세요. 10분간 그대로 두었다가 틀에서 꺼내어 식힘 망 위에서 충분히 식힙니다.

6. 완전히 식은 컵케이크 위에 화이트초콜릿 버터크림 프로스팅을 올리고 장식용 화이트초콜릿을 듬뿍 올려서 마무리하세요.

# 시 나 몬 슈 거 컵 케 이 크

밀가루 박력분 190g · 버터 120g · 설탕 190g · 계란 2개 · 시나몬가루 4g · 베이킹파우더 6g · 소금 2g
우유 125g · 바닐라 엑기스 1작은술
**프로스팅** 바닐라 버터크림 1배합(34p 참고) · 장식용 시나몬 슈거 약간

1. 오븐을 180도로 예열하고 컵케이크 틀에 주름 컵을 끼워 준비합니다.
2. 실온에 꺼내두어 말랑말랑해진 버터를 믹서로 풀어준 후 설탕을 조금씩 넣어가며 부드럽게 크림상태로 만들어줍니다. 반죽이 충분히 부드러워지면 계란을 하나씩 넣어 섞어주세요. 분리되지 않도록 빠른 속도로 충분히 섞어줍니다.
3. 밀가루, 베이킹파우더, 소금, 시나몬가루를 함께 체에 치고 우유와 바닐라 엑기스도 함께 계량해서 준비해주세요. 반죽에 가루 재료와 우유를 번갈아 가면서 섞어줍니다. 가루 재료는 1/3씩 나누어서 넣고, 우유는 1/2씩 나누어서 섞어주세요. 반죽을 스푼이나 짤주머니를 이용해서 컵케이크 컵에 2/3씩 담아줍니다.
4. 예열된 오븐에 넣고 20~23분 정도 구운 후 이쑤시개로 찔러보아 아무것도 묻어나지 않으면 꺼내주세요. 10분간 그대로 두었다가 틀에서 꺼내어 식힘 망 위에서 충분히 식힙니다.
5. 완전히 식은 컵케이크 위에 바닐라 버터크림 프로스팅을 올리고 시나몬 슈거에 굴려서 장식합니다.

**시나몬 슈거** 설탕 100g · 시나몬가루 3g
설탕과 시나몬가루를 지퍼백에 넣고 잘 섞어주세요.

컵케이크 가게를 열고 처음 맞은 겨울, '어떤 컵케이크가 겨울에 어울릴까?' 하고 고심하다가 만들게 된 것이 바로 시나몬 슈거 컵케이크입니다. 몸을 따뜻하게 해주는 생강과 계피 같은 재료에서 아이디어를 얻어서 컵케이크에 시나몬가루를 넣고 부드러운 바닐라 버터크림을 얹었습니다. 그리고 반짝반짝 빛나는 시나몬 슈거로 옷을 입혀서 마치 크리스마스 트리의 오너먼트 같은 분위기를 내보았어요.
추운 겨울에 카페라떼 한 잔과 함께 먹으면 몸도 마음도 든든해지는 컵케이크입니다.

# 시나몬 마시멜로 초콜릿 컵케이크



밀가루 박력분 190g • 버터 120g • 설탕 190g • 계란 2개 • 시나몬가루 4g • 베이킹파우더 6g • 소금 2g
우유 125g • 바닐라 엑기스 1작은술
**프로스팅** 마시멜로 크림 1배합(55p 참고) • 다크초콜릿 가나슈 1배합(34p 참고)

1  오븐을 180도로 예열하고 컵케이크 틀에 주름 컵을 끼워 준비합니다.

2  실온에 꺼내두어 말랑말랑해진 버터를 믹서로 풀어준 후 설탕을 조금씩 넣어가며 부드럽게 크림상태로 만듭니다. 반죽이 충분히 부드러워지면 계란을 하나씩 넣어 섞어주세요. 분리되지 않도록 빠른 속도로 충분히 섞어줍니다.

3  밀가루, 베이킹파우더, 소금, 시나몬파우더를 함께 체에 치고, 우유와 바닐라 엑기스도 함께 계량해서 준비해주세요. 2의 반죽에 가루 재료와 우유를 번갈아 가면서 섞어줍니다. 가루 재료는 1/3씩 나누어서 넣고, 우유는 1/2씩 나누어서 섞어주세요. 반죽을 스푼이나 짤주머니를 이용해서 컵케이크 컵에 2/3씩 담아줍니다.

4  예열된 오븐에 넣고 20~23분 정도 구운 후 이쑤시개로 찔러보아 아무것도 묻어나지 않으면 꺼내주세요. 10분간 그대로 두었다가 틀에서 꺼내어 식힘 망 위에서 충분히 식힙니다.

5  완전히 식은 컵케이크 위에 마시멜로 크림을 올리고 녹인 다크초콜릿 가나슈에 살짝 찍어서 굳히면 완성입니다.

# 차 이 티  컵 케 이 크



차이티 컵케이크야말로 각종 향신료를 듬뿍 넣어 만드는 컵케이크의 최고봉이라고 할 수 있습니다. 차이티를 우려내어 케이크를 구워도 좋지만, 직접 다양한 향신료들을 블렌딩하여 맛을 낼 수도 있습니다. 생강, 카다몬, 계피, 정향 등의 향신료가 있다면 적절히 섞어서 만들어보세요. 훨씬 깊고 진한 맛의 차이티 컵케이크를 만들 수 있을 거예요. 물론 간단하게 티백을 이용해도 됩니다.

밀가루 박력분 190g • 버터 120g • 설탕 200g • 계란 2개 • 베이킹파우더 6g • 소금 2g
우유 125g • 차이티 티백 4개
**프로스팅** 오리지널 크림치즈 1배합(35p 참고) • 시나몬가루 약간 • 장식용 시나몬 스틱

1. 따뜻하게 데운 우유에 차이티 티백 3개를 넣고 10~15분 정도 우려냅니다. 차를 우려내는 동안 오븐을 예열하고 나머지 티백의 티를 꺼내 잘게 갈아서 준비해둡니다.

2. 버터를 부드럽게 풀어준 후 설탕을 조금씩 넣으면서 크림상태로 만들어줍니다. 여기에 계란을 하나씩 넣으면서 분리되지 않도록 빠르게 섞어주세요.

3. 2의 반죽에 함께 계량해둔 밀가루, 설탕, 베이킹파우더, 소금, 갈아놓은 차를 우유와 번갈아가면서 섞어주세요. 마무리는 반드시 가루 재료로 해주세요.

4. 반죽을 스푼이나 짤주머니를 이용해서 컵에 2/3씩 채웁니다. 오븐에 넣고 18~22분 정도 구운 후 꺼내어 충분히 식혀주세요.

5. 컵케이크가 완전히 식으면 오리지널 크림치즈 프로스팅을 올리고 시나몬가루를 살짝 뿌려준 후 시나몬 스틱을 꽂아 장식합니다.

# 얼그레이 컵케이크

밀가루 박력분 180g • 버터 120g • 계란 2개 • 설탕 190g • 베이킹파우더 6g • 소금 2g
우유 125g • 얼그레이 홍차 티백 2개
**프로스팅** 화이트초콜릿 버터크림 1배합(96p 참고) 장식용 스프링클 약간

1  따뜻하게 데운 우유에 얼그레이 홍차 티백 1개를 넣고 10~15분 정도 우려냅니다. 차를 우려내는 동안 오븐을 예열하고 나머지 티백의 티를 꺼내 잘게 갈아서 준비해둡니다.

2  실온에 꺼내두어 말랑말랑해진 버터를 믹서로 풀어준 후 설탕을 조금씩 넣어가며 부드럽게 크림상태로 만들어줍니다. 반죽이 충분히 부드러워지면 계란을 하나씩 넣어 섞어주세요. 분리되지 않도록 빠른 속도로 충분히 섞어줍니다.

3  2의 반죽에 함께 계량해둔 밀가루, 베이킹파우더, 소금과 우유 재료를 번갈아 가면서 섞어줍니다. 가루 재료는 1/3씩 나누어서 넣고, 우유 재료는 1/2씩 나누어서 섞어주세요. 그런 다음 얼그레이 홍차 티백을 반죽에 넣어서 휙휙 섞어주세요. 반죽을 스푼이나 짤주머니를 이용해 컵케이크 컵에 2/3씩 담아줍니다.

4  예열된 오븐에 넣고 20~23분 정도 구운 후 이쑤시개로 찔러보아 아무것도 묻어나지 않으면 꺼내주세요. 10분간 그대로 두었다가 틀에서 꺼내어 식힘 망 위에서 충분히 식힙니다.

5  완전히 식은 컵케이크 위에 화이트초콜릿 버터크림 프로스팅을 올리고 원하는 모양으로 장식해줍니다.

새로운 컵케이크를 만들 때 어디서 아이디어를 얻느냐는 질문을 자주 받습니다. 사실은 거의 하루 종일 컵케이크를 생각하기 때문에 일상의 매순간, 모든 곳에서 아이디어를 얻는다고 하는 게 맞을 것 같아요.

얼그레이 컵케이크는 런던에서 차를 마시다가 갑자기 아이디어가 떠올라서 만들게 된 컵케이크입니다. 주문한 얼그레이 홍차에 화이트초콜릿이 함께 나왔는데, 얼그레이 홍차의 상큼한 향과 화이트초콜릿의 부드러움이 참 잘 어울렸거든요. 그래서 메모를 해두고 한국에 돌아오자마자 얼그레이 컵케이크를 만들어보았습니다.

얼그레이 컵케이크는 이샘 컵케이크의 최고 인기메뉴이기도 합니다. 고급스러운 맛을 내기 위해서는 반드시 좋은 차와 초콜릿을 선택해주세요.

# 피스타치오 컵케이크



더블 그린티 컵케이크와 함께 이샘 컵케이크의 쇼케이스에 초록의 싱그러움을 전해주는 컵케이크입니다. 고소한 피스타치오 컵케이크를 함께 구워볼까요?

밀가루 박력분 160g • 버터 120g • 계란 2개 • 설탕 190g • 베이킹파우더 6g • 소금 2g
우유 125g • 피스타치오가루 30g
**프로스팅** 피스타치오 버터크림 1배합 • 장식용 피스타치오 약간

1. 오븐을 180도로 예열하고 컵케이크 틀에 주름 컵을 끼워 준비합니다.
2. 실온에 꺼내두어 말랑말랑해진 버터를 믹서로 풀어준 후 설탕을 조금씩 넣어가며 부드럽게 크림상태로 만듭니다. 반죽이 충분히 부드러워지면 계란을 하나씩 넣어 섞어주세요. 분리되지 않도록 빠른 속도로 충분히 섞어줍니다.
3. 밀가루, 베이킹파우더, 소금을 함께 체에 쳐서 준비하세요.
4. 2의 반죽에 가루 재료와 우유를 번갈아 가면서 섞어줍니다. 가루 재료는 1/3씩 나누어서 넣고, 우유는 1/2씩 나누어서 섞어주세요. 마지막으로 피스타치오가루를 반죽에 넣어서 휙휙 섞어주세요. 반죽을 스푼이나 짤주머니를 이용해서 컵케이크 컵에 2/3씩 담아줍니다.
5. 예열된 오븐에 넣고 20~23분 정도 구운 후 이쑤시개로 찔러보아 아무것도 묻어나지 않으면 꺼내주세요. 10분간 그대로 두었다가 틀에서 꺼내어 식힘 망 위에서 충분히 식힙니다.
6. 완전히 식은 컵케이크 위에 피스타치오 버터크림 프로스팅을 올리고 남은 피스타치오로 컵케이크를 장식해주세요.

**피스타치오 버터크림** 버터 110g • 슈거파우더 300g • 피스타치오가루 20g • 우유 적당량
실온에서 녹인 버터를 볼에 담고 부드럽게 풀어준 후 슈거파우더를 조금씩 넣으면서 섞어줍니다. 우유를 한 스푼씩 넣으면서 농도를 조절하고 피스타치오가루를 넣어 마무리합니다.

피스타치오는 견과류라서 믹서에 넣고 갈면 기름이 나와서 덩어리가 질 수 있습니다. 믹서에 갈 때는 10초
마다 한 번씩 믹서를 멈추고 피스타치오를 섞어주면서 가볍게 갈아주세요. 믹서 대신 칼로 잘게 썰어주어
도 되고, 재료시장에서 파는 피스타치오가루를 구입해서 써도 됩니다.

# 아 몬 드  컵 케 이 크

아몬드의 맛과 향을 살린 케이크를 만드는 방법은 다양합니다. 아몬드가루나 아몬드 엑기스를 사용해도 되고 아몬드 페이스트를 넣어도 됩니다. 아몬드 엑기스는 국내에서는 구하기가 조금 어렵고, 많이 사용하지 않다보니 익숙하지 않은 향이라 거부감이 들 수도 있습니다. 반면 아몬드 페이스트를 넣고 케이크를 구우면 케이크가 촉촉하고 부드러울뿐 아니라 풍부한 맛이 납니다. 그래서 파운드 케이크처럼 크림을 올리지 않고 먹는 케이크를 만들 때는 아몬드 페이스트를 사용하면 좋습니다. 그리고 컵케이크를 만들 때에는 아몬드가루를 이용하는 것이 좋습니다. 컵케이크의 매력은 부드러운 프로스팅을 올려 먹는 것이기 때문에 페이스트보다는 포슬포슬한 식감과 담백하고 고소한 맛을 내주는 아몬드가루가 적당합니다. 아몬드가루는 재료시장에서 쉽게 구할 수 있지만, 집에서 직접 갈아서 사용하면 더욱 고소한 아몬드 컵케이크를 만들 수 있습니다.

밀가루 박력분 150g • 버터 120g • 계란 2개 • 설탕 190g • 베이킹파우더 6g • 소금 2g
우유 125g • 아몬드가루 40g
**프로스팅** 바닐라 버터크림 1배합(34p 참고) • 장식용 아몬드 약간

1  오븐을 180도로 예열하고 컵케이크 틀에 주름 컵을 끼워 준비합니다.

2  실온에 꺼내두어 말랑말랑해진 버터를 믹서로 풀어준 후 설탕을 조금씩 넣어가며 부드럽게 크림상태로 만듭니다. 반죽이 충분히 부드러워지면 계란을 하나씩 넣어 섞어주세요. 분리되지 않도록 빠른 속도로 충분히 섞어줍니다.

3  밀가루, 베이킹파우더, 소금, 아몬드 가루를 함께 체에 쳐서 준비하세요.

4  2의 반죽에 가루 재료와 우유를 번갈아 가면서 섞어줍니다. 가루 재료는 1/3씩 나누어 넣고, 우유는 1/2씩 나누어서 섞어주세요. 반죽을 스푼이나 짤주머니를 이용해서 컵케이크 컵에 2/3씩 담아줍니다.

5  예열된 오븐에 넣고 20~23분 정도 구운 후 이쑤시개로 찔러보아 아무것도 묻어나지 않으면 꺼내주세요. 10분간 그대로 두었다가 틀에서 꺼내어 식힘 망 위에서 충분히 식힙니다.

6  완전히 식은 컵케이크 위에 바닐라 버터크림 프로스팅을 올리고 오븐에 살짝 구운 아몬드를 듬뿍 뿌려서 장식해주세요.

# 당근 컵케이크

밀가루 박력분 200g • 황설탕 200g • 당근 200g • 계란 2개 • 카놀라유 200ml • 시나몬가루 2g
베이킹파우더 6g • 소금 2g • 바닐라 엑기스 1작은술 • 호두 50g
**프로스팅** 오리지널 크림치즈 1배합(35p 참고) • 장식용 호두 • 시나몬가루

1. 오븐을 180도로 예열하고 컵케이크 틀에 주름 컵을 끼워 준비합니다. 당근은 잘게 다지고, 호두는 먹기 좋은 크기로 준비해둡니다.
2. 볼에 오일과 계란, 황설탕, 당근을 한꺼번에 넣고 거품기로 섞어주세요. 각각의 재료가 잘 섞일 때까지 2분 정도 섞다가 바닐라 엑기스를 넣고 마무리합니다.
3. 함께 체에 쳐둔 밀가루, 시나몬가루, 베이킹파우더, 소금을 2의 반죽에 넣고 섞습니다. 반죽이 보이지 않을 정도로만 가볍게 섞고 호두를 넣어주세요. 반죽을 스푼이나 짤주머니를 이용해 컵케이크 컵에 2/3씩 담아줍니다.
4. 예열된 오븐에 넣고 20~23분 정도 구운 후 이쑤시개로 찔러보아 아무것도 묻어나지 않으면 꺼내주세요. 10분간 그대로 두었다가 틀에서 꺼내 식힘 망 위에서 충분히 식힙니다.
5. 완전히 식은 컵케이크 위에 오리지널 크림치즈 프로스팅을 올리고 호두와 시나몬가루를 이용해 장식해주세요.

### note

이샘 컵케이크에서는 당근 컵케이크를 만들 때 카놀라유를 사용하지만, 해바라기씨유나 포도씨유를 사용해도 됩니다. 다만 올리브유는 가격도 비싸고 특유의 향이 강해서 컵케이크와 어울리지 않으므로 가급적 피해주세요.

아이가 당근을 먹기 싫어한다면 당근 컵케이크를 구워주는 건 어떨까요? 수분이 많은 당근을 넣어 케이크를 구워내면 아주 촉촉하고 고소한데다 매우 부드러운 컵케이크가 완성됩니다. 버터 대신 오일을 넣고 굽기 때문에 더 촉촉하기도 하고요.
당근 컵케이크에 넣는 당근은 칼로 잘게 썰어도 되고 믹서에 넣고 갈아주어도 됩니다. 다만 지나치게 오래 갈아서 즙이 나오지 않도록 주의해주세요.

# 검은깨 컵케이크



밀가루 박력분 200g ● 버터 120g ● 설탕 190g ● 계란 2개 ● 베이킹파우더 6g ● 소금 2g
우유 125g ● 검은깨 20g

**프로스팅** 검은깨 크림치즈 1배합

1  검은깨를 믹서에 넣고 가볍게 갈아주세요. 갈지 않은 검은깨를 사용해도 되지만 가루로 만들면 특유의 색을 더해줄 수 있습니다.

2  오븐을 180도로 예열하고 컵케이크 틀에 주름 컵을 끼워 준비합니다.

3  실온에 꺼내두어 말랑말랑해진 버터를 믹서로 풀어준 후 설탕을 조금씩 넣어가며 부드럽게 크림상태로 만들어줍니다. 반죽이 충분히 부드러워지면 계란을 하나씩 넣어 섞어주세요. 분리되지 않도록 빠른 속도로 충분히 섞어줍니다.

4  밀가루, 베이킹파우더, 소금을 함께 체에 쳐서 준비하세요.

5  2의 반죽에 가루 재료와 우유를 번갈아 가면서 섞어줍니다. 가루 재료는 1/3씩 나누어서 넣고, 우유는 1/2씩 나누어서 섞어주세요. 마지막으로 검은깨가루를 반죽에 넣어 휙휙 섞어주세요. 반죽을 스푼이나 짤주머니를 이용해서 컵케이크 컵에 2/3씩 담아줍니다.

6  예열된 오븐에 넣고 20~23분 정도 구운 후 이쑤시개로 찔러보아 아무것도 묻어나지 않으면 꺼내주세요. 10분간 그대로 두었다가 틀에서 꺼내어 식힘 망 위에서 충분히 식힙니다.

7  완전히 식은 컵케이크 위에 검은깨를 듬뿍 넣어 만든 고소한 검은깨 크림치즈 프로스팅을 올려줍니다.

**검은깨 크림치즈** 오리지널 크림치즈 1배합(35p 참고) ● 검은깨가루 2큰술

오리지널 크림치즈에 검은깨가루를 넣어 잘 섞어주세요.

# 단호박 컵케이크

밀가루 박력분 200g · 버터 120g · 설탕 190g · 계란 2개 · 단호박 퓌레 200g · 우유 125g
단호박가루 20g · 베이킹파우더 6g · 소금 2g
**프로스팅** 단호박 크림치즈 1배합 · 장식용 초콜릿 · 설탕에 절인 단호박

1. 오븐을 180도로 예열하고 컵케이크 틀에 주름 컵을 끼워 준비합니다.
2. 실온에 꺼내두어 말랑말랑해진 버터를 믹서로 풀어준 후 설탕을 조금씩 넣어가며 부드럽게 크림상태로 만들어줍니다. 반죽이 충분히 부드러워지면 계란을 하나씩 넣어 섞어주세요. 분리되지 않도록 빠른 속도로 충분히 섞어줍니다.
3. 밀가루, 베이킹파우더, 소금, 단호박가루를 함께 체에 쳐서 준비하세요.
4. 2의 반죽에 가루 재료와 우유를 번갈아 가면서 섞어줍니다. 가루 재료는 1/3씩 나누어서 넣고, 우유는 1/2씩 나누어서 섞어주세요. 마지막으로 단호박 퓌레를 반죽에 넣어 휙휙 섞어주세요. 반죽을 스푼이나 짤주머니를 이용해서 컵케이크 컵에 2/3씩 담아줍니다.
5. 예열된 오븐에 넣고 20~23분 정도 구운 후 이쑤시개로 찔러보아 아무것도 묻어나지 않으면 꺼내주세요. 10분간 그대로 두었다가 틀에서 꺼내어 식힘 망 위에서 충분히 식힙니다.
6. 완전히 식은 컵케이크 위에 단호박 크림치즈 프로스팅을 올리고 설탕에 절인 단호박으로 장식하여 마무리하세요.

**단호박 크림치즈** 오리지널 크림치즈 1배합(35p 참고) · 단호박가루 2~3큰술
오리지널 크림치즈에 단호박가루를 넣고 잘 섞어줍니다.

이샘 컵케이크에서는 우리나라의 식재료를 이용한 컵케이크를 만들려는 노력을 하고 있어요. 검은깨를 듬뿍 넣어 만드는 검은깨 컵케이크도 그렇고, 직접 단호박을 쪄서 으깨 만드는 호박 퓌레를 넣어 만드는 단호박 컵케이크도 그 노력 중 하나입니다. 저는 평소 단호박죽을 즐겨먹는데요. 그 맛을 컵케이크로도 느낄 수 있으면 좋겠다고 생각하면서 만들었습니다.
단단한 단호박의 껍질을 까고, 찌고, 으깨는 과정이 번거롭기 때문에 자주 메뉴에 올리지는 못하지만, 가을이 되면 한 주 정도는 이샘 컵케이크에서 노란 단호박 컵케이크를 만날 수 있습니다.

# 진저 브레드 컵케이크

크리스마스가 되면 진저 브레드맨 쿠키를 구우면서 한껏 연말 분위기를 내고 싶다는 생각을 하게 됩니다. 하지만 컵케이크 가게를 운영하면서 여유롭게 크리스마스 분위기를 만끽하기란 쉬운 일이 아니죠. 많은 사람들에게 즐거운 크리스마스를 선사하기 위해 이샘 컵케이크의 컵케이커들은 크리스마스가 되면 더욱 바빠지거든요. 그래서 진저 브레드맨 쿠키 대신 진저 브레드 컵케이크를 굽게 됐어요. 매콤하고 알싸한 생강의 향이 가득한 진저 브레드 컵케이크를 한 입 베어 먹으면 쌓였던 하루의 피로가 풀리면서 따뜻한 위로를 받는 느낌이 듭니다.

밀가루 박력분 200g • 버터 120g • 황설탕 190g • 계란 2개 • 베이킹파우더 6g • 소금 2g
생강가루 3g • 시나몬가루 2g • 생강우유 125g • 바닐라 엑기스 1작은술
**프로스팅** 바닐라 버터크림 1배합(34p 참고) • 장식용 진저 브레드맨 쿠키

1 오븐을 180도로 예열하고 컵케이크 틀에 주름 컵을 끼워 준비합니다.

2 실온에 꺼내두어 말랑말랑해진 버터를 믹서로 풀어준 후 설탕을 조금씩 넣어가며 부드럽게 크림상태로 만들어줍니다. 반죽이 충분히 부드러워지면 계란을 하나씩 넣어 섞어주세요. 분리되지 않도록 빠른 속도로 충분히 섞어줍니다.

3 밀가루, 베이킹파우더, 소금, 생강가루, 시나몬가루를 함께 체에 쳐서 준비하고 우유와 바닐라 엑기스도 함께 계량해주세요.

4 2의 반죽에 가루 재료와 우유 재료를 번갈아 가면서 섞어줍니다. 가루 재료는 1/3씩 나누어서 넣고, 우유는 1/2씩 나누어서 섞어주세요. 반죽을 스푼이나 짤주머니를 이용해서 컵케이크 컵에 2/3씩 담아줍니다.

5 예열된 오븐에 넣고 20~23분 정도 구운 후 이쑤시개로 찔러보아 아무것도 묻어나지 않으면 꺼내주세요. 10분간 그대로 두었다가 틀에서 꺼내어 식힘 망 위에서 충분히 식힙니다.

6 완전히 식은 컵케이크 위에 바닐라빈을 듬뿍 넣은 바닐라 버터크림 프로스팅을 올리고 진저 브레드맨 쿠키로 장식하여 마무리하세요.

**생강우유** 우유 130g • 생강차 2큰술
냄비에 우유와 생강차를 넣고 기포가 올라올 때까지 끓입니다. 그런 다음 불에서 내려 식히고 체에 걸러 준비합니다.

LIFE

IS

JUST

A

CUP

OF

CAKE

컵케이크 데이즈 © 이샘 2012

1판1쇄    2012년 9월 20일
1판5쇄    2019년 1월 21일

지은이    이샘
펴낸이    김정순

책임편집  이은정
디자인    김덕오 모희정 홍지숙
마케팅    김보미 임정진 전선경
그릇협찬  비블랭크

펴낸곳    (주)북하우스 퍼블리셔스
출판등록  1997년 9월 23일 (제406-2003-055호)
주소      04043 서울특별시 마포구 양화로 12길 16-9(서교동 북앤빌딩)
전자우편  editor@bookhouse.co.kr
홈페이지  www.bookhouse.co.kr
전화      02-3144-3123
팩스      02-3144-3121

ISBN  978-89-5605-568-8  13590

이 도서의 국립중앙도서관 출판시도서목록(CIP)은 e-CIP 홈페이지(http://www.nl.go.kr/ecip)에서
이용하실 수 있습니다. (CIP 제어번호 : CIP 2012004027)